中国矿业大学本科实习系列丛书

过程装备与控制工程专业实习简明教程

主　编　邓建军
副主编　李海生　王启立

中国矿业大学出版社

图书在版编目(CIP)数据

过程装备与控制工程专业实习简明教程 / 邓建军主编. —徐州 : 中国矿业大学出版社,2018.5

ISBN 978 - 7 - 5646 - 3431 - 5

Ⅰ. ①过… Ⅱ. ①邓… Ⅲ. ①化工过程—化工设备—教育实习—高等学校—教材②化工过程—过程控制—教育实习—高等学校—教材 Ⅳ. ①TQ051-45 ②TQ02-45

中国版本图书馆 CIP 数据核字(2018)第 094656 号

书　　名　过程装备与控制工程专业实习简明教程
主　　编　邓建军
责任编辑　褚建萍
出版发行　中国矿业大学出版社有限责任公司
　　　　　(江苏省徐州市解放南路　邮编 221008)
营销热线　(0516)83885307　83884995
出版服务　(0516)83885767　83884920
网　　址　http://www.cumtp.com　**E-mail**:cumtpvip@cumtp.com
印　　刷　徐州中矿大印发科技有限公司
开　　本　787×960　1/16　**印张** 12.5　**字数** 240 千字
版次印次　2018 年 5 月第 1 版　2018 年 5 月第 1 次印刷
定　　价　25.00 元

前　　言

本书根据过程装备与控制工程专业人才培养和实践教学要求，以满足过程装备与控制工程专业及相关专业的本科教育为出发点，同时兼顾工程专业认证标准和高水平实习基地建设要求组织编写而成。实习主要包括认识实习、生产实习和毕业实习及其他各类教学实习。本书旨在帮助实习学生更好、更快地认识和接受实习过程，了解实习内容，更有兴趣地主动融入各类实习中去，理解和掌握过程设备与控制的基础知识，了解各类实习现场的制造、生产和工艺情况。

实习是对工科学生进行专业技术课程学习和工程师基本训练、提高学生专业素质和技能的重要实践教学环节之一，同时也给学生提供了走入社会、认识社会、认识自己、评估自己的良好机会。通过各类实习，促进学生将理论知识和工程实际相结合，印证、加深和巩固所学理论知识，扩大知识面，强化对过程设备的进一步理解和掌握，培养学生勇于探索、积极进取的创新精神，学习管理人员和一线工人的优秀品质和团队精神，树立劳动观念、集体观念和创新精神，提高学生的基本素质和工作竞争能力。

目前各高校安排的实习时间都比较短，本书编写力求简明扼要，通俗易懂，方便使用。本书系统介绍了认识实习、生产实习和毕业实习三大实习的实习内容、实习方式和实习要求，实习过程中应注意的安全事项，使学生在有限的实习时间内，了解和掌握最基本的相关基础知识；同时根据现场实习情况，提供了空分装备、聚甲醛工艺、压缩机制造工艺等 9 个典型实习情境，力求将基础知识与实际现场相互印证，学以致用，为日后走上工作岗位打下良好的基础。

本书由邓建军担任主编，并负责全书的统稿；李海生和王启立担任副主编，并完成现场实习部分的材料编写及审定工作。参加本书编写的还有：沈利民、孙凤杰、王光辉、闫小康和朱荣涛等同志。在本书编写期间，开封空分集团有限公司、开封龙宇化工有限公司、江苏恒久集团有限公司、徐州华裕煤气有限公司、徐州华美热电环保有限公司、河南神火集团薛湖煤矿、江苏四方锅炉有限公司、江苏晋煤恒盛化工股份有限公司和无锡恒安压力容器制造有限公司等单位提供了大力支持与帮助，在此一并感谢。

由于编写时间仓促和编者水平所限，书中不妥之处在所难免，敬请广大读者批评指正。

编　者

2018年3月

目 录

第1章 实习导论

为了培养学生工程实践能力、发现和解决问题的能力，过程装备与控制工程专业学生在校期间共有三次到企业实习的经历，分别是认识实习、生产实习和综合实习(毕业实习)，其主要任务是：观察和学习各种加工方法；学习各种加工设备、工艺装备和物流系统的工作原理、功能、特点和适用范围；了解典型零件的加工工艺路线；了解产品设计、制造过程；了解先进的生产理念和组织管理方式。三次实习由浅入深、由简到精，逐步、系统地强化学生的工程概念，不断提高学生综合应用所学知识和技能分析和解决实际问题的水平。

1.1 认识实习

认识实习是过程装备与控制工程专业的重要实践性教学环节之一。其主要目的和任务就是通过对能源、化工等相关厂家的参观实习，了解过程工业的特点、生产工艺流程、原理，并对构成过程工业装置的主要单元设备、静设备(如塔设备、换热器、加热炉、储罐)、流体机械(泵、风机、压缩机)、部分传动机械及过程控制系统产生感性认识；同时了解工业生产过程的项目管理、经济性分析、可靠性分析和安全防护常识。通过认识实习，加深对过程工业的认识，了解本专业的主要学习内容、培养方向和目标，激发学生学习兴趣，为专业课的学习打下基础。

1.1.1 认识实习报告的主要内容

(1) 实习封面

应填写学生姓名、专业、年级、指导教师姓名、实习地点、实习项目以及实习日期等。

(2) 实习日记

实习期间应及时写好实习日记，记录当天的实习内容、收获和体会，收集相关的资料。

(3) 实习报告

实习报告要谈及收获、体会或建议，条理应清晰，文字应简洁，必要时可附图表说明。

1.1.2 认识实习的主要形式

(1) 现场参观

通过对已建或在建工程项目的参观，感受现场施工的情况，了解实习厂家的主要生产工艺流程特点、加工设备、制造方法。对过程工业的生产加工特点及典型单元设备及其控制形式、特点、方法产生感性认识等，进而增加工程实践的感性认识，培养吃苦耐劳的精神。

(2) 专题讲座

通过工艺及设备基础理论等方面的讲座，使学生了解本专业的现状、发展方向以及国家相关的方针、政策；熟悉能源、化工、石油及其他过程工业过程的工艺流程、设备名称、结构特点、工作原理及使用维护情况，熟悉机械制造工业中的流程、制造技术、检测手段以及新材料、新技术、新设备的应用情况。同时，使学生对所学专业的性质和特点有初步了解，增强学生在学习期间的责任感和使命感。

(3) 专题讨论

通过专题讨论，培养学生运用在校内所学理论和知识对实习中某一方面的问题进行细致、全面、深入的总结，提出自己的改进设想和建议，提高运用专业知识分析问题和解决问题的能力。

1.1.3 认识实习的基本要求

(1) 对指导教师的要求

① 成立认识实习指导小组，统一管理实习期间学生的思想、工作、学习、安全及生活，学生在指导教师的具体指导下进行认识实习。

② 校内外认识实习指导教师一般是具有中级以上职称的教师、工程技术人员或管理人员。

③ 认识实习指导教师应按照认识实习的内容和要求，确定学生认识实习的项目内容，指导学生完成实习报告，并对学生实习期间的组织纪律性进行考核，综合评定实习成绩。

④ 实习过程中，校内指导教师应严格要求学生，积极指导学生，维护现场秩序，确保学生安全。

(2) 对学生的要求

① 认真阅读毕业认识指导书，依据认识指导书的内容，明确认识实习的任务。

② 实习期间应服从指导教师的安排和规定，自觉遵守实习纪律，不得无故缺勤，特殊情况需事先请假并经实习指导小组组长同意方可。

③ 实习过程应时刻注意安全，现场参观时必须严格遵守实习单位的有关规

定和安全操作规程。进入现场时，必须戴好安全帽，男生不得穿拖鞋，女生不得穿高跟鞋和裙子，不准单独自行进入无人工作区段或建筑，不要乱动工地的机具设备。行走时注意孔洞、朝天灯、空头板、护栏、防碰、防滑。

④ 保持讲座会场的安静与秩序，仔细观察、认真听讲、认真记录、积极提问，注意言行举止，树立良好的大学生文明形象，维护学校的声誉。

1.1.4　认识实习的基本步骤

(1) 准备阶段

指导教师根据教学计划落实参观和讲座项目，召开认识实习动员大会，下达认识实习任务。学生应熟悉和理解认识实习的目的、内容、要求、纪律、注意事项以及有关的安全规程。

(2) 进行实习活动阶段

学生在指导教师的组织下参观现场、听取讲座。实习过程中，应仔细观察、认真听讲、积极提问，并以日记的方式及时记录，内容涵盖参观过程、讲座或专题讨论主要内容，并有当日实习心得。在条件允许的前提下，最好能提供实习过程中所拍摄的图片或相关资料复印件，并粘贴在实习报告上。

(3) 撰写实习报告阶段

实习结束后，学生应在实习日记的基础上，及时写出认识实习报告。报告内容可以是对实习收获的综述和总结，也可以是对针对某一问题写出的专题报告。实习报告应图文并茂，总字数不宜少于 5 000 字，切忌流水账。

(4) 评审验收阶段

指导教师应根据学生的实习日记、实习报告和实习期间的表现综合评定成绩。

1.2　生产实习

生产实习是过程装备与控制工程专业本科人才培养计划的一个重要实践性教学环节。通过生产实习，达到理论联系实际，验证、巩固、深化所学理论知识，并为后续课程继续学习取得感性认识，同时获得实际生产知识和技能，进一步巩固和掌握所学的理论知识，培养独立工作和组织管理能力。生产实习是以生产现场为课堂，以企业的技术人员、管理人员、有实践经验的工人为师，是一次更生动、灵活、丰富多彩的教学过程。通过生产实践，学习企业的工艺流程、生产管理、物料搬运、设备管理及技术经济的实际知识，初步培养学生对复杂问题的分析和解决能力；通过与工人、技术人员近距离接触，学习专业生产技能和优良作风。

1.2.1 生产实习报告的主要内容

(1) 实习封面

实习封面应填写学生姓名、专业、年级、指导教师姓名、实习地点、实习项目以及实习日期等。

(2) 实习日记

实习期间应及时写好实习日记，记录当天的实习内容、收获和体会，收集相关的资料。

(3) 实习报告

实习报告要谈及收获、体会或建议，条理应清楚，文字应简洁，必要时可附图表说明。

1.2.2 生产实习的主要形式

生产实习采取集中实习与分散实习相结合的方式。部分学生可自己联系工地，按实习指导书要求进行实习；其余学生参加集中生产实习。

(1) 集中实习

集中实习由实习指导教师带领实习学生在事先联系好的实习单位进行实习。学生应服从分配，积极主动地到所派遣工地进行实习，到工地后应尽快地了解所在实习单位的组织结构及工程情况，主动找实习指导人联系，服从指导人的安排，为圆满地完成实习任务而努力工作。

(2) 分散实习

分散实习由实习学生自己联系实习单位。实习生在联系好实习单位后及时将联系实习回执寄给实习指导教师，经审核同意后方可进行实习；学生进入实习工地后，在现场实习指导人（工地上具有一定职称技术管理人员）的指导下，根据实习大纲要求和实习项目的特点制订实习计划；在实习期间，实习生应与指导人经常保持联系，并按照计划完成生产实习的各部分实习内容，记录实习日记，自觉遵守实习纪律和有关规章制度，接受日常实习考评。在分散实习生较集中的城市，实习指导教师应进行期间检查和指导。实习结束后，实习学生要认真整理和完成有关实习成果，并接受实习答辩。

1.2.3 生产实习的主要内容

(1) 工艺部分

生产实习的工艺部分包括：石油化工、煤化工等过程工业的工艺原理和工艺流程，空分工业的工艺流程和主要设备的设计与制造。要求学生了解本实习课程的教学目标与教学内容，熟悉石油化工、煤化工工艺原理和工艺流程以及空分工业的工艺流程，了解流程中可能存在的运行隐患。

(2) 过程机器

主要内容包括:① 了解离心泵的型号、规格和结构组成。了解离心泵各主要零部件的结构特点和用途,掌握离心泵的工作原理。在实习基地要求学生进行泵的拆卸与安装。② 了解往复压缩机的型号、规格,主要工作部件的结构、用途及压缩机的工作原理。了解各种机型的布置及其特点、压缩机的辅助系统的流程和作用。③ 了解离心式压缩机的型式、主要技术性能及工作原理。掌握离心压缩机的主要构成、主要零部件的结构和作用。了解压缩机的总体布置、结构特点。④ 对搅拌机械、其他各种类型的机泵,如:螺杆压缩机、轴流压缩机、齿轮泵、往复泵、滑片泵等,了解其工作原理、结构及性能特点及其应用场合。⑤ 了解典型流体机械的装配过程、质量检验及试车。要求学生熟悉石油化工、煤化工装备中过程机器的材料、结构、制造、安装、维修等基本知识,了解其制造过程中所应遵循的规范与标准,了解生产过程中的质量保证体系和全面质量管理。

(3) 过程设备

主要内容包括:① 结合塔器、换热器、加热炉等设备,了解其主要零部件所用材料,并掌握钢材的选用原则,了解钢材的使用范围及质量检验要求。② 了解各种封头的结构型式、优缺点及使用场合;了解各种塔盘的结构型式和塔盘的支撑结构;了解管式换热器的类型和结构;了解常减压分馏塔、催化反应器、再生器以及氨合成塔的基本结构;了解中、低压与高压密封结构以及法兰的类型;了解直立设备与卧式设备的支座结构等;了解旋风分离器的用途与结构。③ 了解加热炉的辐射室及对流室的结构,了解火嘴及回弯头、预热器等的结构。④ 了解容器壳体的一般制造工艺过程、技术要求及所用工装设备,设备的无损检验方法与检测设备。要求学生熟悉石油化工、煤化工装备中过程设备的材料、结构、制造、安装、维修等基本知识,了解其制造过程中所应遵循的规范与标准。了解生产过程中的质量保证体系和全面质量管理。

(4) 过程装备成套装置

主要内容包括:① 了解管道器件的种类、常用国产管件系列以及波形补偿器的结构形式;② 了解管道法兰的连接结构形式、法兰的类型、垫片及其紧固件;③ 了解管道阀门的种类、结构特征及其用途。在实习基地要求学生对几种石油化工厂常用的典型阀门进行拆装。要求学生熟悉石油化工、煤化工装备零部件的材料、结构、制造、安装、维修等基本知识,了解其制造过程中所应遵循的规范与标准。了解生产过程中的质量保证体系和全面质量管理。

(5) 工厂的生产经营与管理

听取工厂的生产经营和管理报告,要求学生能够从听取的报告中提炼出自己的问题并给予一定的建议,如厂区生产经营中存在的浪费现象有哪些,如何改进。

(6) 编写实习报告

实习报告是学生对整个实习内容的回顾和总结,也是考核学生对实习内容掌握的程度,作为评定学生实习成绩的依据之一。学生应按照大纲和培养方案要求,详细记录实习经历。实习报告要求书写清楚,语句简练,实习结束后独立完成。

1.2.4 生产实习的基本要求

① 认真阅读生产实习大纲和实习指导书,依据实习指导书的内容,明确生产实习任务。

② 实习期间要严格遵守安全操作规程,注意保密工作,成为精神文明的模范。

③ 实习的好坏很大程度取决于每个学生的实习态度。学生应在实习过程中积极主动,遵守纪律,服从实习指导人的工作安排,对重大问题应事先向指导人反映,共同协商解决,不得擅自处理。

④ 实习是理论联系实际的重要环节,因此,学生要虚心向工程技术人员及工人师傅学习。

⑤ 要参加具体工作以培养实际工作能力。

⑥ 遵守实习单位的工作和生活制度,不得无故缺勤、迟到早退,实习期间一般不准请事假,特殊情况要取得实习指导人和学校的同意,病假要有县级医院医生证明。在实习未结束前,不得提前离开实习单位,更不得擅自离开工地外出游山玩水,在实习期间不得安排与实习无关的参观,否则严肃处理。

⑦ 遵守国家法律,尊重当地人民的生活习惯,尊重工地工程技术人员和工人师傅。

⑧ 生活上要艰苦朴素,不得有任何特殊,要珍惜粮食、工具和材料等,要爱护公物,坚持原则,不准搞不正之风。

1.3 毕业实习

毕业实习是过程装备与控制工程专业本科阶段最后一个带有综合性及总结性的重要教学环节,是毕业设计的有效补充阶段。通过入厂实习,观察和分析各化工设备与机械的生产过程,熟悉毕业设计对象,并为毕业设计收集技术资料,加强理论联系实际,用已学的理论知识去分析实习场所应用到的实际生产技术,使理论知识得到充实、印证、巩固、深化,并努力从中发现问题,在以后的毕业设计中予以考虑和改进，提高解决复杂实际工程技术问题的能力；通过参与工厂生产，与工人接触、交流，培养事业心、使命感和务实精神，学习工人阶级的优秀品质和职业道德，为日后走向社会、服务社会做好思想准备。

1.3.1 毕业实习报告的主要内容

(1) 实习封面

实习封面应填写学生姓名、专业、年级、指导教师姓名、实习地点、实习项目以及实习日期等。

(2) 实习日记

实习期间应及时写好实习日记，记录当天的实习内容、收获和体会，收集相关的资料、

(3) 实习报告

实习报告要谈及收获、体会或建议，条理应清晰，文字应简练，必要时可附图表说明。

1.3.2 毕业实习的主要方式

(1) 现场参观

通过观察及与工人、技术人员的交流和讨论，熟悉企业的主要产品及其从原材料到成品的加工工艺流程；产品的结构和加工难点、重点；加工过程中必须遵守的标准和规则，及其对设备长期安全、稳定运行的意义，了解违背准则可能带来的影响或后果。

了解常用加工工艺参数的选取、控制情况，各工艺过程在总的加工成本中所占的比例。熟悉工厂的生产加工布局、能源耗费情况以及综合管理与调配方式、方法。

了解机械设备在产品加工过程中的使用情况，设备的生产运营能力、生产效率、功耗情况及其在不同生产环节的调配。

熟悉不同工段通用机械设备的型号、规格的选取、配置及管路的布局安装规律。

了解设备运转过程中存在的问题与不足、易损部件常出现的故障与相关的处理解决方法。

了解自动控制技术、计算机在化工产品加工过程中的应用情况。了解典型控制系统的组成、关键部位的检测与操控、重点工艺参数的检测控制规律及其中存在的问题与不足。

熟悉主要加工产品的工艺流程图、厂区加工生产的总体布局。熟悉机械设备的零件图、装配图、控制系统的分布等技术图纸的绘制、标注，常规技术要求、

注意事项及相关引用标准。

通过了解企业的组织机构及经营管理方式，熟悉企业技术应用、成本控制、组织管理的基本方法，进而增加实践工作的知识面，培养吃苦耐劳的精神。

(2) 专题讲座

通过组织车间资深技术人员展开专题讲座，使学生了解工厂的历史、企业文化；了解主要加工的产品，当前总体生产加工能力、布局、生产效益、新产品开发以及技术革新等情况。进而使学生了解过程装备与控制工程专业的最新技术与成果、建设与发展情况，了解国家相关的方针和政策，正确使用专业的有关技术规范和规定。同时也了解专家们严谨、认真的工作精神，培养学生严谨的科学态度、敏捷的思维能力以及实事求是的工作作风，形成独立分析问题、解决问题的能力。

(3) 专题讨论

通过专题讨论，培养学生运用在校内所学理论和知识对实习中某一方面的问题进行细致、全面、深入的总结，提出自己的改进设想和建议，提高学生运用专业知识分析问题和解决问题的能力。

(4) 查阅资料

查阅和检索文献资料是毕业实习的重要内容之一。查阅资料一般可按毕业设计要求，前往省、市科技情报机构、图书馆和有关单位的情报资料室查阅。调研和收集资料的地点由指导教师指定。

1.3.3 毕业实习的基本要求

(1) 对指导教师的要求

① 成立毕业实习指导小组，统一管理实习期间学生的思想、工作、学习、安全及生活安排，学生在指导教师的具体指导下进行毕业实习。

② 校内外毕业实习指导教师一般是具有中级以上职称的教师、工程技术人员或管理人员。

③ 毕业实习指导教师应按照毕业实习的内容和要求，确定学生毕业实习的项目内容和方向，指导学生收集有关资料，帮助其完成毕业设计的调查任务，并对学生实习期间的组织纪律性进行考核，会同有关部门签署毕业实习鉴定和评定成绩。

④ 实习过程中，校内指导教师应严格要求学生，积极指导学生，维护现场秩序，确保学生安全。

(2) 对学生的要求

① 认真阅读毕业实习指导书，依据实习指导书的内容，明确毕业实习的

任务。

② 实习期间应服从指导教师的安排和规定，自觉遵守实习纪律，不得无故缺勤，特殊情况需事先请假并经实习指导小组组长同意方可。

③ 实习过程应时刻注意安全，现场参观时必须严格遵守实习单位的有关规定和安全操作规程。进入现场时，必须戴好安全帽，男生不得穿拖鞋，女生不得穿高跟鞋和裙子，不准单独自行进入无人工作区段或建筑，不要乱动工地的机具设备。行走时注意孔洞、朝天灯、空头板、护栏、防碰、防滑。

④ 保持讲座会场的安静与秩序，仔细观察、认真听讲、认真记录、积极提问，注意言行举止，树立良好的大学生文明形象，维护学校的声誉。

1.3.4 毕业实习的基本步骤

(1) 准备阶段

指导教师根据教学计划联系毕业实习地点，落实参观和讲座项目，召开毕业实习动员大会，下达毕业实习任务。学生应熟悉和理解毕业实习目的、实习内容、实习要求、实习纪律、实习注意事项以及有关的安全规程，实习前应做好图书资料的收集与实习的工作准备。

(2) 进行实习活动阶段

学生在指导教师的组织下，参观现场、听取讲座、进行专题讨论、查阅和收集相关资料，深入理解相关设计专题的使用功能要求、设计意图和施工特点等。实习过程中，应仔细观察、认真听讲、积极提问，并以日记的方式及时记录，内容涵盖参观过程、讲座或专题讨论主要内容，并有当日实习心得。在条件允许的前提下，最好能提供实习过程中所拍摄的图片或相关资料复印件，并粘贴在实习报告上。

(3) 撰写实习报告阶段

实习结束后，学生应在实习日记的基础上，及时写出毕业实习报告，报告内容可以是对实习收获的综述和总结，也可以是针对某一问题写出的专题报告。实习报告应图文并茂，总字数不宜少于5 000字，切忌流水账。

(4) 评审验收阶段

指导教师应根据学生的实习日记、实习报告和实习期间的表现综合评定成绩，对于在毕业实习单位自行实习的学生应采用答辩的方式予以成绩评定。

第2章 基础知识

2.1 安全生产基础知识

根据《国务院关于加强企业生产中安全工作的几项规定》，企业单位必须认真地对到工厂参加生产实习的学生进行必需的、初步的安全教育，即入厂教育、车间教育和岗位教育，其目的是使实习学生树立安全生产的思想，了解安全技术基础知识，懂得在生产中应注意哪些问题，以便自觉地遵守安全生产和文明生产的规章制度和安全生产的注意事项，避免意外事故的发生。

生产离不开工人的劳动。但在劳动过程中，存在着各种不安全、不卫生的因素，如不加以保护和预防，就有发生工伤事故和职业病的危险。如：触电、砸伤、烫伤、绞碾、爆炸、高空坠落、物体打击、碰撞致伤等事故以及有害有毒物质的中毒和粉尘的危害等引起的职业病。所有这些，都会损害劳动者的安全、健康，甚至危及职工的生命。因此劳动保护就是保护劳动者在劳动生产过程中的安全、健康。但不包括劳动权利和劳动报酬等方面的保护，也不包括卫生保健和伤病医疗工作。

国家为了保护职工在生产过程中的安全、健康，采取了一系列措施。在组织上，根据党的路线，制定劳动保护的方针、政策、法规和条例，建立劳动保护机构，在各级政府机关、企业中设置专门机构，开展劳动保护的宣传教育和培训，制定具体的规章制度，进行国家监察和督促检查工作。

劳动保护是社会主义制度下一项不可缺少的重要工作。它不仅是直接关系到劳动人民的切身利益的大事，是社会主义国家的一项重要政治任务，而且也是发展国民经济进行“四化”建设的一个重要条件。人们必须充分认识它的重大政治意义，不断提高做好劳动保护工作的自觉性和责任感。

教育是培养人的活动，是有目的地提高人的知识技能水平。劳动保护安全生产的科学知识是属于综合性的知识，是生产技术的组成部分。教育的目的是结合生产技术，提高人们的安全生产和文明生产的科学知识，促使人们自觉地贯彻执行安全生产的方针和各项劳动保护的政策、法令，认真遵守工厂的有关安全生产、文明生产的规章制度。

2.1.1　工厂安全生产须知

2.1.1.1　厂内要害部门的规定

厂内要害部门是指对全厂生产过程的影响以及危害性大的关键部门。如：变电站、空压站、油库、化工库、气瓶站、煤气站、锅炉房、表面处理车间等，因为这些部门一旦发生事故就会影响全厂的生产顺利进行。有些部门是易燃易爆物品的集中场所，造成事故，不仅会给党和国家在政治上、经济上带来损失，也容易造成职工重大伤亡事故。为此，工厂必须严格管理，要害部门内部应有严格的规章制度，不允许外单位职员随便进入。如确因工作需要，经有关部门同意，办理手续后，方可入内。这样做是为了确保职工和工厂的安全，也是在总结惨痛事故教训的基础上建立了这一规定。

2.1.1.2　安全秩序与纪律

① 上班工作首先要做到"一想"、"二查"、"三严"。

"一想"即想一想当天的生产与工作中，有哪些安全问题，可能会发生什么事故，怎样预防。

"二查"即检查一下工作场所和所使用的机器、设备、工具、材料是否符合安全要求，上道工序有无安全隐患及如何排除；还要检查一下本身操作是否影响周围的人身安全及如何防范。

"三严"即严格按照安全要求及工艺规定进行操作，严守劳动纪律，不搞与生产无关的活动。

② 进入生产工作场所，必须按照规定使用各种防护用品，否则不准进入。严禁穿背心、短裤、裙子、拖鞋、高跟鞋等不符合安全要求的衣着上岗位。在有毒有害场所操作，还要佩戴符合防护要求的面具等。

③ 保持公共场所的文明整洁。原材料、零件、工夹具摆放要井井有条，及时清除通道上的铁屑等杂物，保持通道畅通。

④ 禁止在有毒、有害场所用膳和饮水、吸烟。工业废渣、废液、废油不得倒入下水道，应由车间集中统一处理。

⑤ 凡是挂有"严禁烟火""有电危险""有人工作，切勿合闸"等危险警告标志的场所，或挂有安全色标的标记，都要严格遵守，严禁随意进入危险区和摆弄闸刀、阀门等。

2.1.1.3　预防绞碾

① 传动带、明齿轮、砂轮、带锯、圆盘锯和接近地面或容易触及的联轴节、转轴、皮带轮、飞轮等转动危险部位，都必须装好防护罩才允许工作。

② 冲剪、液压、落锤等压力机械的操纵机构必须完好可靠；操作者的手不准直接伸入施压部位，对上述设备所配备的安全装置一定要使用。

③ 操作或维护车、磨、铣、镗、钻等旋转机床的人员，不准戴手套操作；工作服和袖口应扣好，扎紧；女工必须戴好工作帽，有切削飞溅的还应戴上防护眼镜。

④ 擦拭、检修、更换齿轮、零件、工夹具等应先停车后操作，两人以上同时操作应由一人指挥，相互协调。

⑤ 使用电风扇要做到防护罩、扇叶牢靠，搬动时应先停电，不准将手或其他物品伸入罩内。

2.1.1.4 预防触电

工厂车间为了满足生产的需要，有各种各样的电气设备、电缆电线和控制开关。禁止无关人员触碰电气设备，禁止开、闭电器开关等。相关人员接触电器和电线等，应首先熟悉操作规程，其次要小心观察是否有良好的绝缘性，这是预防触电的关键。触电急救的要点是动作迅速，救护得法。发现有人触电，首先要使触电者尽快脱离电源，然后根据具体情况，进行相应的救治。

脱离电源的方法如下：

① 如开关箱在附近，可立即拉下闸刀或拔掉插头，断开电源；

② 如距离闸刀较远，应迅速用绝缘良好的电工钳或有干燥木柄的利器（刀、斧、锹等）砍断电线，或用干燥的木棒、竹竿、硬塑料管等物迅速将电线拔离触电者；

③ 若现场无任何合适的绝缘物可利用，救护人员亦可用几层干燥的衣服将手包裹好，站在干燥的木板上，拉触电者的衣服，使其脱离电源；

④ 对高压触电，应立即通知有关部门停电，或迅速拉下开关，或由有经验的人采取特殊措施切断电源。

对于触电者，应立即通知专业救护人员或送医院及时救治，并可按以下三种情况分别处理：

① 对触电后神志清醒者，要有专人照顾、观察，情况稳定后，方可正常活动；对轻度昏迷或呼吸微弱者，可针刺或掐人中、十宣、涌泉等穴位；

② 对触电后无法呼吸但心脏有跳动者，应立即采用口对口人工呼吸；对有呼吸但心脏停止跳动者，则应立即进行胸外心脏按压法进行抢救；

③ 如触电者心跳和呼吸都已停止，则需同时采取人工呼吸和俯卧压背法、仰卧压胸法、心脏按压法等措施交替进行抢救。

2.1.1.5 防火防爆

认真贯彻“预防为主，防消结合”的方针，及时发现和解决不安全因素，消除火灾隐患，做到防患于未“燃”，杜绝火灾、爆炸的发生，确保人身财产安全。

① 易燃易爆燃料、油料、物品，应统一存放、正确归位、专人管理。

② 定期(每天或每月)进行全方位大检查，发现不安全因素及时安排专业人员进行处理。

③ 机、电安装由专业人员负责，应符合防火、防爆要求，专业人员操作使用。

④ 消防器材不得随意挪动，需定期检查和更换。

⑤ 电路开关完好、适用，保险措施得力；及时更换和维修已坏的开关。

⑥ 标识清晰，责任明确，监督、监管得力。

⑦ 认真做好现场管理，监督检查工作，发现问题及时处理，不留安全隐患。

2.1.1.6 起重、运输、搬运安全

① 各种起重吊车、机动车辆(包括电瓶车、铲车、摩托车等)的驾驶人员必须持有驾驶执照，无证人员禁止开车。

② 禁止在已经起吊的重物下停留、行走或用人配重起吊。

③ 搬抬重物，应根据自己的体力负重。搬抬时要缓慢用力。多人搬抬重物，由一人指挥，人员高矮要搭配好，同时起落，协调一致。

④ 机动车严禁人员混装。乘员要按规定乘车，栏杆、车门要关好，乘员不得坐在不安全位置。

⑤ 严格遵守交通规则，各种车辆行驶中要保持安全距离。横跨铁路和转弯处要注意观望。夜间行驶要注意路面的安全情况。占用或开挖路面，必须立栏杆、红旗，夜间必须有红灯，以示警告。

2.1.1.7 防止坠落事故

高处作业是施工中最普遍的一种作业方式，其危险性最大，事故发生率最高，事故造成的伤害后果往往也最严重，因此必须做好安全防护措施。

① 作业人员必须经过体检合格，且经过安全教育培训，并取得特种操作证。作业前必须办理作业证，进行安全交底，才能参加高空作业，杜绝无证上岗。

② 进行高空作业时，必须详细检查作业环境是否安全，如有危险，立即向主管或安检人员报告，在问题未解决前，不得进行作业。

③ 衣着灵便，安全帽、安全带、防滑鞋等防护用具齐全并正确使用。

2.1.2 工厂三级安全教育

三级安全教育是对新招收的职工、新调入职工、来厂实习的学生或其他人员所进行的厂级安全教育、车间安全教育和班组安全教育。

2.1.2.1 厂级安全教育的主要内容

① 讲解劳动保护的意义、任务、内容及其重要性，使新入厂的职工树立起

“安全第一”和“安全生产人人有责”的思想。

② 介绍企业的安全概况，包括企业安全工作发展史、企业生产特点、工厂设备分布情况（重点介绍接近要害部门、特殊设备的注意事项）、工厂安全生产的组织机构、工厂的主要安全生产规章制度（如安全生产责任制、安全生产奖惩条例、厂区交通运输安全管理制度、防护用品管理制度以及防火制度等）。

③ 介绍国务院颁布的《全国职工守则》和企业职工奖惩条例以及企业内设置的各种警告标识和信号装置等。

④ 介绍企业典型事故案例和教训，抢险、救灾、救人常识以及工伤事故报告程序等。

厂级安全教育一般由企业安全技术部门负责进行。讲解应和看图片、参观劳动保护教育室结合起来，并发一本浅显易懂的安全手册。

2.1.2.2　车间安全教育的主要内容

① 介绍车间的概况。如车间生产的产品、工艺流程及其特点，车间人员结构、安全生产组织状况及活动情况，车间危险区域、有毒有害工种情况，车间劳动保护方面的规章制度和对劳动保护用品的穿戴要求和注意事项，车间事故多发部位、原因、有什么特殊规定和安全要求，介绍车间常见事故和对典型事故案例的剖析，介绍车间安全生产中的好人好事，车间文明生产方面的具体做法和要求。

② 根据车间的特点介绍安全技术基础知识。如冷加工车间的特点是金属切削机床多、电气设备多、起重设备多、运输车辆多、各种油类多、生产人员多和生产场地比较拥挤等。机床旋转速度快、力矩大，教育工人遵守劳动纪律，穿戴好防护用品，小心衣服、发辫被卷进机器，手被旋转的刀具擦伤。告诉工人在装夹、检查、拆卸、搬运工件特别是大件时，要防止碰伤、压伤、割伤；调整工夹刀具、测量工件、加油以及调整机床速度均需停车进行；擦车时要切断电源，并悬挂警告牌，清扫铁屑时不能用手拉，要用钩子钩；工作场地应保持整洁，道路畅通；装砂轮要恰当，附件要符合要求规格，砂轮表面和托架之间的空隙不可过大，操作时不要用力过猛，站立的位置与砂轮保持一定的距离和角度，并戴好防护眼镜；加工超长、超高产品，应有安全防护措施等。

其他如铸造、锻造和热处理车间、锅炉房、变配电站、危险品仓库、油库等，均应根据各自的特点，对新工人进行安全技术知识教育。

③ 介绍车间防火知识，包括防火的方针，车间易燃易爆品的情况，防火的要害部位以及防火的特殊需要，消防用品放置地点，灭火器的性能、使用方法，车间消防组织情况，遇到火险如何处理等。

④ 组织新工人学习安全生产文件和安全操作规程制度，并教育新工人尊敬

师傅、听从指挥、安全生产，车间安全教育由车间主任或安全技术人员负责。

2.1.2.3 班组安全教育的主要内容

① 本班组的生产特点、作业环境、危险区域、设备状况、消防设施等。重点介绍高温、高压、易燃易爆、有毒有害、腐蚀、高空作业等方面可能导致发生事故的危险因素，交代本班组容易出事故的部位和典型事故案例的剖析。

② 讲解本工种的安全操作规程和岗位责任，重点讲述在思想上应该重视安全生产，自觉遵守安全操作规程，不违章作业；爱护和正确使用机器设备和工具；介绍各种安全活动以及作业环境的安全检测和交接班制度。告诉新工人出了事故或发现了事故隐患，应立即报告领导，及时采取措施。

③ 讲解如何正确使用劳动保护用品和文明生产的要求。要强调机床转动时不准戴手套操作，高速切削要戴保护眼镜，女工进入车间戴好工作帽，进入施工现场和登高作业，必须戴好安全帽、系好安全带，工作场地要整洁，道路要畅通，物件堆放要整齐等。

④ 实行安全操作示范。组织重视安全、技术熟练、富有经验的老工人进行安全操作示范，边示范、边讲解，重点讲安全操作要领，说明怎样操作是危险的，怎样操作是安全的，不遵守操作规程将会造成的严重后果。

班组安全教育由班组长或安全人员负责。

进行三级安全教育内容要全面，又要突出重点，讲授要深入浅出，最好边讲解，边参观。每经过一级教育，均应进行考试，以便加深印象。

2.1.3 生产实习安全规定

为确保师生员工在校外实习基地等单位进行生产实习时的人身安全、设备安全以及其他方面的安全，实习团队在实习前应进行实习动员，进行初步的安全教育，指定专人负责安全工作，制定安全措施。

(1) 学生必须服从带队教师的领导，遵守实习团队的纪律。

(2) 建立实习安全管理体系，以班(组)为单位，实行班(组)长负责制。

(3) 严格遵守作息制度，不准迟到早退，不准无故缺席。

(4) 在实习现场需做到以下几点：

① 下厂实习时要求统一着实习工作服，戴好安全帽，不准穿短裤、背心、裙装、凉鞋、拖鞋和高跟鞋等；

② 提前到达指定集合地点，统一进、出厂区；

③ 要遵守实习单位的安全、保卫制度，严格遵守操作规范和劳动纪律；

④ 注意人身安全，不得损坏工厂仪器设备，不准影响工人操作；

⑤ 在车间进行生产实习时，由于车间工作环境比较复杂，要求时时刻刻注

意安全，注意自己的头上和脚下；

⑥ 遵守劳动纪律，在车间内不准做与学习无关的事情；

⑦ 虚心向技术人员、工人师傅请教学习，对人要有礼貌；

⑧ 实习过程中出现问题应及时向带队教师汇报；

⑨ 任何人不得以任何理由擅自离队、离岗、在外住宿，否则将取消其实习资格。

(5) 在校期间的安全管理规定，按学校及相关院系的相关规定执行。

(6) 外出时应注意防抢、防盗和防骗。

2.2 过程装备材料基础知识

在压力容器设计和制造中，正确选择材料，对保证容器的结构合理、安全使用和降低制造成本具有重要的作用。

2.2.1 压力容器材料的选用原则

由于压力容器是具有爆炸危险的特种设备，国家质量监督检验检疫总局颁布了《固定式压力容器安全技术监察规程》(TSG 21—2016)等法规，以及相应的产品标准。《压力容器》(GB 150—2011)中对压力容器用钢(钢板、钢管、锻件等)做了规定。《低温压力容器用钢板》(GB 3531—2014)、《锅炉和压力容器用钢板》(GB 713—2014)和《承压设备用碳素钢和合金钢锻件》(NB/T 47008～47010—2017)等针对压力容器的特点规定了用于压力容器钢材的技术要求。选用压力容器钢材时，应注意如下问题：

① 压力容器用材料的质量及规格应符合相应的国家标准、行业标准的规定。压力容器制造单位应按照质量证明书对钢材进行验收，必要时应进行复验。

② 选用压力容器材料时，必须考虑容器的工作条件(如温度、压力、介质特征和操作特点等)；材料的使用性能(如力学性能、物理性能和化学性能)；工艺性能(如焊接性能和冷热加工性能)；经济合理性能等。

③ 压力容器专用钢材的磷含量(质量分数)不应大于0.03%，硫含量不应大于0.02%；用于焊接压力容器主要受压元件的碳素钢和低合金钢，其含碳量不应大于0.25%。

④ 在考虑压力容器受压元件有足够的强度情况下，必须考虑它的韧性，以防止在外加载荷作用下发生脆性破坏。

2.2.2 钢制压力容器的常用材料

制造压力容器的材料中应用较多的品种有钢板、钢管和锻件等。

2.2.2.1 钢板

钢板是压力容器最常用的材料，主要用于制造容器壳体和封头，厚板可用来切割法兰毛坯、制作换热器管板等。在制造过程中，钢板要经过各种冷热加工，如下料、卷板、焊接、热处理等，要求其具有较高的强度以及良好的塑性、韧性、冷弯性能和焊接性能。

钢板按照厚度分为薄钢板<4 mm(最薄 0.2 mm)、厚钢板 4～60 mm、特厚钢板 60～400 mm。钢板轧制分为热轧钢板和冷轧钢板，宽度为 600～4 800 mm。钢板的最大长度随板厚和宽度而变化，板越厚、越宽，其最大长度越短，长度范围为 2 000～20 000 mm。

常用的压力容器专用钢板有 Q245R、Q345R、Q370R、18MnMoNbR、13MnNiMoR、15CrMoR、14Cr1MoR、16MnDR、15MnNiDR、09MnNiDR、S11306、S11348、S30408 等。非压力容器专用碳素钢板 Q235B 和 Q235C 在达到 GB 150—2011 要求时，也可用于低参数压力容器用钢。

(1) 碳素钢板

碳素钢为含碳量小于 2.06%的铁碳合金，除碳以外，还含有少量的硫、磷、硅、氧、氮等元素。碳素钢是压力容器中常用的材料，它不仅供应方便，价格低廉，还具有良好的工艺性能和使用性能。压力容器用碳素钢板包括普通碳素钢板和优质碳素钢板。

(2) 低合金高强度钢板

低合金钢是一种低碳低合金钢，其编号规定为“数字＋化学元素＋数字”的方法，前面的数字表示钢的平均含碳量，以万分之一表示；后面的数字表示合金元素的含量，以百分之几表示(但合金含量少于 1.5%的不标明)。

低合金钢具有较好的力学性能，强度高，塑性好，韧性好，焊接性能及其他工艺性能也较好。由于钢中含有一定量的合金元素(总量一般不超过 3%)，所以耐腐蚀性远比碳素钢强。采用低合金钢，不仅可以减小容器的厚度，减轻重量，节约钢材，还能解决大型压力容器在制造、检验、运输、安装中因厚度太大所带来的各种困难。制造压力容器常用的钢板有 Q345R、15MnVR、15MnV，18Mo 等；其中 Q345R 是屈服点为 340 MPa 级的压力容器专用钢板，也是中国压力容器行业使用量最大的钢板，它具有良好的综合力学性能和制造工艺性能，主要用于制造中低压压力容器和多层高压容器。

(3) 低温容器用钢板

随着低温工业和深冷技术的发展，越来越多的压力容器需要在较低的温度下运行，如低温液化气体贮罐等。我国规定运行温度≤－20 ℃为低温容器。

16MnDR、15MnNiDR 和 09MnNiDR 三种钢板是工作在－20 ℃及更低温

度的压力容器专用钢板，即低温压力容器用钢，D 表示低温用钢。16MnDR 是制造≤－40 ℃压力容器的经济而成熟的钢种，可用于制造液氨贮罐等设备。在 16MnDR 的基础上，降低碳含量并加镍和微量钒得到 15MnNiDR，提高了低温韧性，常用于制造－40 ℃级低温球形容器。09MnNiDR 是一种－70 ℃级低温压力容器用钢，用于制造液丙烯(－43.70 ℃)、液硫化氢(－ 61 ℃)等设备。

(4) 高温容器用钢板

在高温下承载的压力容器考虑材料的抗蠕变能力。

GB 150—2011 列入的低合金耐热钢板号为：15CrMoR 和 12Cr2Mo1R。15CrMoR 是中温抗氢钢板，常用于制造壁温不超过 550 ℃的压力容器。此外，尚可用的钢号有 14Cr1MoR、12Cr2Mo1R、12Cr1MoVR 等。有些承压部件可能工作温度更高一些，则应采用高合金镍铬钢，如 0Cr18Ni9、0Cr18Ni9Ti、1Cr18Ni9Ti 等，这些钢的使用温度上限可达到 700 ℃。

(5) 不锈钢板

不锈耐酸钢在空气、水、酸、碱及其他化学侵蚀性介质中具有较高的稳定性。

铬钢 0Cr13 是常用的铁素体不锈钢，有较高的强度、塑性、韧性和良好的切削加工性能，在室温的稀硝酸以及弱有机酸中有一定的耐腐蚀性，但不耐硫酸、盐酸、热磷酸等介质的腐蚀。

0Cr18Ni9、0Cr18Ni10Ti、0Cr19Ni10 这三种钢均属于奥氏体不锈钢。0Cr18Ni9 在固溶态具有良好的塑性、韧性、冷加工性，在氧化性酸和大气、水、蒸汽等介质中耐腐蚀性亦佳。但长期在水及蒸汽中工作时，0Cr18Ni9 有晶间腐蚀倾向，并且在氯化物溶液中易发生应力腐蚀开裂。0Cr18Ni10Ti 具有较高的抗晶间腐蚀能力，可在－196～600 ℃的范围内长期使用。0Cr19Ni10 为超低碳不锈钢，具有更好的耐蚀性。

0Cr18Ni5Mo3Si2 是奥氏体—铁素体双相不锈钢，耐应力腐蚀、小孔腐蚀的性能良好，适用于制造介质中含氯离子的设备。

(6) 不锈钢复合钢板

不锈钢复合钢板是一种新型材料，它是由碳钢和普通低合金钢为基层、不锈钢为复层组成的钢板。一般复层厚度仅为基层厚度的 1/3～1/10。基层作用是承受强度，复层则用作防腐层，与介质接触，因此，特别适用于既要耐蚀又要传热效率高的设备。

2.2.2.2 钢管

钢管按照其制造方法可分为焊接钢管(有缝管)和无缝管两大类。压力容器的接管、换热管等常用无缝钢管制造，它们通过焊接与容器壳体、法兰等连接在一起，一般要求钢管有较高的强度、塑性和良好的焊接性能。

无缝钢管是用钢锭或实心管坯经穿孔制成毛坯，然后经热轧、冷轧或冷拔制成，热轧无缝钢管外径一般大于 32 mm，壁厚 2.5～75 mm，冷轧无缝钢管外径和壁厚较热轧钢管小，冷轧钢管比热轧钢管尺寸精度高。

碳素钢管、低合金钢管有 10、20、16Mn、15MnV、09Mn2V、16Mo 等；不锈钢管有 0Cr13、1Cr18Ni9Ti、0Cr18Ni12Ti 等。

2.2.2.3　锻件

锻件在石油化工设备中应用广泛，如球形储罐的人孔、法兰，换热器所需的各种管板、对焊法兰，催化裂化反应器的整段筒体（压力容器）等常用锻件制造。承压设备用锻件的技术要求见 NB/T 47008～47010—2017。

根据锻件检验项目和数量的不同，中国压力容器锻件标准中，将锻件分为Ⅰ、Ⅱ、Ⅲ、Ⅳ四个级别。例如，Ⅰ级锻件只需逐件检查硬度，而Ⅳ级锻件却要逐件进行超声检测，并进行拉伸和冲击试验。由于检测项目的不同，同一材料锻件的价格随级别的提高而升高。锻件级别要在图样上标明，如：16MnⅡ，区分了锻件与钢管。

2.2.3　压力容器用其他金属材料

2.2.3.1　铝及铝合金

铝的密度小（2.7 g/cm^3），只有铁的 1/3，熔点较低（657 ℃），导热性和导电性都很高。铝的强度低，塑性高。铝的压力加工性良好，并能焊接和切割，但铸造性不佳。

铝及其合金按性能和用途可分为纯铝、防锈铝、硬铝、超硬铝、锻铝和特殊铝几类。纯铝按纯度分为高纯铝、工业高纯铝和工业纯铝三个等级。铝合金按照制造方法可分为铸造铝合金和变形铝合金。

铝和铝合金常用来制作容器，主要是利用其在空气和许多化工介质中有良好的耐蚀性，以及低温下良好的塑性、韧性。铝在大气中极易与氧发生作用生成一层牢固致密的氧化膜，阻止了氧与内部金属基体的作用，所以铝在大气和淡水中有良好的耐蚀性。铝的塑性好，易成形与焊接。在容器中使用的牌号主要是塑性和耐蚀性好的工业纯铝和防锈铝（铝镁合金和铝锰合金），多用板材和管材。少量硬铝和锻铝牌号的棒材、型材、锻材在压力容器中主要用于深冷设备零部件的制造。工业纯铝及防锈铝最低使用温度可达－273 ℃。

铝及铝合金可以用通用的加工法进行加工，如热轧、拔、拉、锻造，在冷态和热态下能碾压和模压，也能通过铸造的方式成型。铝及铝合金可焊接和切削，但由于铝易氧化成高熔点的 Al_2O_3 使其焊接性和铸造性较差。铝合金同其他合金一样存在加工硬化。

固溶时效热处理是铝合金的主要强化手段，也是一种热处理方法。铝合金热处理的基本形式有淬火时效和退火时效，前者是强化处理，后者是软化处理，Al—Mn 合金塑性好，易于进行压力加工。Al—Mg 合金在退火状态和冷变形后使用，冷变形后一般要进行退火。Mg 含量(质量分数)大于 3%的 Al—Mg 合金如(5A02、5A03)，在大于 65 ℃时，作为受压元件，不能长期使用。

硬铝合金必须采用时效处理才能发挥强化作用。硬铝合金在淬火时，加热温度要严格控制，一般波动范围不超过±5 ℃，若淬火温度过高，零件易过烧、熔化；若淬火温度过低，则淬火后的固溶体饱和度不足，不能发挥最大的时效强化。

锻铝的 Al—Cu—Mg—Si 工艺性能良好，适于进行自由锻造、挤压、轧制、冲压等工艺操作。Al—Cu—Mg—Fe—Ni 中铜和镁元素的加入，能够保证良好的热强性。

铝硅系铸造铝合金的铸造性能良好，流动性好，热裂倾向小。简单的铝硅合金不能进行热处理强化。铝铜基铸造合金铸造性能不如铝硅系合金。铝镁基铸造合金的铸造性能不好，流动性差。铝锌基铸造合金工艺性较好。

工业纯铝、Al—Mn 和 Al—Mg 合金可制作储罐、换热器、塔器和深冷设备。铝制压力容器受压元件设计压力不大于 16 MPa；含镁量(质量分数)大于等于3%的铝合金，设计温度在－269～65 ℃范围；其他牌号的铝及铝合金，设计温度范围为－269－200 ℃。

2.2.3.2　铜和铜合金

纯铜具有优良的导电性和导热性。铜及铜合金具有良好的强度、塑性、压力加工性和耐磨性，易于成形与焊接。在压力容器和热交换器中主要利用铜优良的耐蚀性、导热性能和低温性能。

铜的标准电极电位为＋0.345 V，比氢高，在酸中不发生放氢反应，因此在没有氧存在的条件下，铜在许多非氧化性酸中都是比较耐蚀的(但在氧化性酸中不耐蚀)。在氨和铵盐溶液中，当有氧存在时，生成可溶性的络离子 $Cu(NH_3)_4^{2+}$ 故不耐蚀。铜在大气、水、中性盐及苛性碱中均相当稳定，但在氯、溴、二氧化硫、硫化氢等气体及潮湿的大气中会受腐蚀。

铜在低温下能保持较高的塑性和冲击韧度，是制造深冷设备的良好材料。

按传统的分类方法，铜及铜合金分纯铜、黄铜、白铜和青铜 4 大类。按照其使用的状态或成形的方法，又可分为铸造铜合金及加工铜合金两大类。

压力容器常用的铜和铜合金有纯铜、黄铜、锡青铜、铝青铜、硅青铜、白铜等。由于铜及铜合金的力学性能和工艺性能好，能用于压力容器的牌号很多。当用于压力容器受压元件时，铜及铜合金均应采用退火状态。

我国的加工铜及铜合金牌号和化学成分可查看 GB/T 5231—2012《加工铜

及铜合金牌号和化学成分》。

2.2.3.3 钛及钛合金

钛材按纯度分类可分为碘法钛(化学纯钛)和工业纯钛。碘法钛是高纯钛，其纯度最高可达99.95%，杂质含量极少，强度低，故在工业中很少使用。工业纯钛的杂质含量稍高，牌号分别用TA1、TA2、TA3、TA4表示。

钛合金按使用特点可分为结构钛合金、热强钛合金、耐蚀钛合金。其中耐蚀钛合金主要有钛钯合金、钛钼合金、钛镍合金等。

钛在室温下呈银白色，密度小，是不锈钢和碳素钢的60%左右，一些高强度钛合金超过了许多合金结构钢的强度，因此钛合金的比强度(强度/密度)远大于其他金属结构材料，可制出单位强度高、刚性好、质量轻的零部件。目前飞机的发动机构件、骨架、蒙皮、紧固件及起落架等都使用钛合金。

钛在强腐蚀环境中具有优异的化学稳定性，在电解质(含水)中具有强的自钝化能力，使得钛制化工设备应用广泛，如氯碱工业、纯碱工业、农药生产、尿素生产、钛白粉生产、合成纤维和人造纤维、有机合成等行业。化工设备中使用的钛和钛合金主要用于制作容器、换热器、塔器等，要求有适当的强度、良好的塑性、焊接性能和耐蚀性。

钛的弹性模量约为钢的1/2。钛的热导率约为碳钢的1/4，比不锈钢稍低。钛的线膨胀系数小，约为碳素钢的2/3，不锈钢的1/2。钛的熔点较碳素钢和不锈钢高，导电性较差，无铁磁性，与钢之间不能直接熔焊。钛合金TA8、TA9、TA10的合金含量低，物理性能与工业纯钛接近。

钛和钛合金用于压力容器受压元件时，设计温度不高于315 ℃，钛—钢复合板的设计温度不高于350 ℃。用于制造压力容器壳体的钛和钛合金在退火状态使用。

2.3 过程装备制造基础知识

过程工业是一个国家国民经济的支柱和核心产业，是一个国家发展其经济和提高国际竞争力不可缺少的基础；同时也是保障国家战略安全、打赢现代化战争的重要支撑，是实现经济、社会发展和自然协调从而实现可持续发展的重要基础和手段。因此，作为支撑过程工业基础的过程装备制造业成为每个国家长期重点发展领域。

过程装备制造业是国民经济发展的支柱产业，也是科学技术发展的载体及其转化为规模生产力的工具和桥梁，是一个国家综合制造能力的集中体现。重大装备研制能力是衡量一个国家工业水平和综合国力的重要标准。振兴装备制造业，是提高一个国家国际竞争力、实现国民经济全面、协调和可持续发展的战略举措。

2.3.1 过程装备制造概念

过程工业是指以流程性物料（如气体、液体、粉体等）为主要对象，以改变物料的状态和性质为主要目的工业，它包括化工、石油化工、生物化工、化学、炼油、制药、食品、冶金、环保、能源、动力等诸多行业与部门。而过程装备是为实现以上工业过程提供的技术装备。因此，过程装备制造主要是指为满足国民经济各部门发展和国家安全需要的各种技术装备的制造。

2.3.2 过程装备分类

按照国民经济行业分类，过程装备范围包括机械、电子和兵器工业中的投资类装备，分属于金属制品业、通用装备制造业、专用设备制造业、交通运输设备制造业、电器装备及器材制造业、电子及通信设备制造业、仪器仪表及文化办公用装备制造业 7 个大类 185 个小类。

按照产品的知识含量和技术难度，可以将过程装备分为通用类装备（一般性装备）、基础类装备（装备制造业核心）、成套类装备、安全保障类装备和高技术关键装备（前沿性核心装备）。

按照装备在生产工艺过程中的作用不同，可以将过程装备分为流体动力过程及设备、传热过程及设备、传质过程及设备、热力过程及设备、机械过程及设备和化学过程及设备。

按照装备主要部件是否运动，可以将过程装备分为动设备和静设备。动设备是指主要作用部件为运动的机械，如各种泵、过滤机、破碎机、离心分离机、旋转窑、搅拌机、旋转干燥机以及流体输送机械等。静设备是指主要作用部件是静止的或者只有很少运动的机械，如各种容器、塔器、反应器、换热器、干燥器、蒸发器、电解槽、结晶设备、传质设备、吸附设备、普通分离设备以及离子交换设备等。

2.3.3 过程装备制造流程

一般来说，对于不同行业所用的装备制造工艺流程会略有不同，图 2-1 和图 2-2 分别给出了机械类产品冷加工制造流程和金属结构件加工制造流程工艺图。但是，从装备的设计到装备交付客户使用，以压力容器制造为例，其制造流程一般包括：设计图纸审核，技术交底及容器排版，材料复验、标识移植，下料组对，焊接、试板焊接及理化试验，无损检测，热处理，耐压试验，产品最终检验。

2.3.4 过程装备制造技术现状与发展趋势

过程装备制造技术随着人类社会的发展而不断进步，自第一次工业革命之

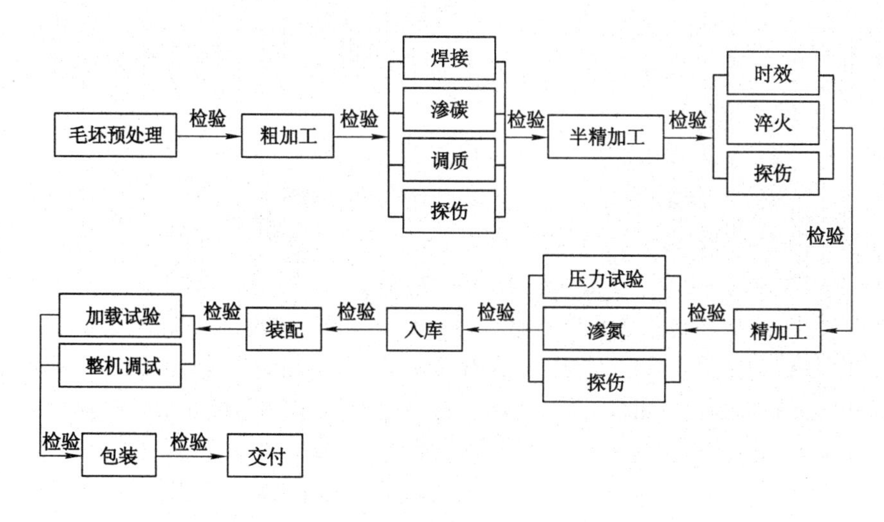

图 2-1　机械类产品冷加工制造流程

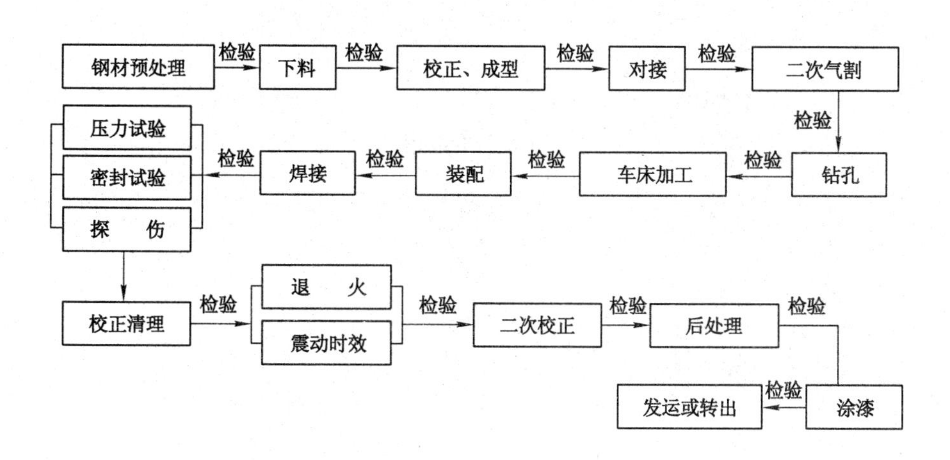

图 2-2　金属结构件加工制造流程

后，人类真正意义上进入了大规模装备时期，其主要经历了机器生产、机械化生产、流水线生产、自动生产线以及现代制造技术下的柔性制造、智能制造等。装备制造在社会发展中所起的作用和担任的角色随着人类社会发展的需求重点不同而不断转变。在工业化初期，制造业的使命是进行需求产品的制造，以满足基本的物质生活需要。在当代，在经济竞争的高潮中，装备制造业经历了新的价值观转变，更加追求速度和效率。制造理念也从规模生产和延长产品寿命到小批量、快速反应、短产品寿命周期这样的历史性突破。从长远角度看，装备制造技术完全有可能突破传统的无机物、无生命制造对象的限制和目前人类生存空间的限制，制造业可能进一步在能源制造业、农业制造业、生物医学制造业、仿生制造业、宇宙空间制造业方向发展。因此，装备制造业呈现出如下的发展趋势：

① 向高效、高速和高精度方向发展；

② 多功能复合化、柔性自动化产品成为发展主流；

③ 实施绿色制造和可持续发展战略；

④ 智能制造技术和智能化装备有了新发展。

一个国家装备制造水平能否处于世界前列，不是取决于其规模，而取决于能否形成重要装备的自主研发能力、系统成套能力以及自身的知名品牌。要实现这一目标，装备制造企业必须不断创新，形成自身具有自主知识产权的创新产品；培养具有创新精神的人才队伍和企业文化，重视产品设计知识资源的积累和获取，采用新的设计思想和方法，实现技术集成和知识集成。

2.4 过程装备检验基础知识

2.4.1 过程装备定期检测

通常，过程装备的检测包括对装备（如锅炉、压力容器、化工机器的重要零部件等）的原材料、设计、制造、安装、运行、维修等各个环节的检验、测量、试验、监督，目的是依据相关监察规程（《锅炉安全技术监察规程》、《压力容器安全技术监察规程》等），根据专职检验人员的判定结论，提前消除上述各环节出现的影响安全的因素，这样可以更可靠地保证装备安全。

过程装备定期检测是早期发现缺陷、消除隐患的有效措施。实行定期检测的目的是保证过程装备的安全。对于压力容器的定期检测根据其检测项目、范围、期限，可分为三种类型：外部检测、内外部检测和全面检测。

2.4.1.1 外部检测

设备外部检测的目的是及时发现外部或操作工艺方面存在的不安全问题，可以在装备运行中进行，一般每年不少于一次。外部检测项目包括以下几方面：

① 容器外壁的防腐层、保温层是否完整无损。

② 容器上有无锈蚀、变形及其他外伤。

③ 容器上的所有焊缝、法兰及其他可拆连接处和保温层有无泄漏。

④ 容器是否按规定安装了安全装置，其选用、装设是否符合要求，维护是否良好，是否超过了规定的使用期限。

⑤ 容器及其连接管道的支承是否适当，有无倾斜下沉、振动、摩擦以及不能

自由胀缩等不良情况。

⑥ 容器的操作压力、操作温度是否在设计规定的范围内，工作介质是否符合设计的规定。

2.4.1.2 内外部检测

过程装备的内外部检测必须在容器停止运行的条件下进行。内外部检测的目的是尽早发现容器内、外部所存在的新旧缺陷情况，确定容器能否继续运行或保证安全运行所必须采取的适当措施。容器内外部检测每三年至少进行一次。

工作介质对器壁有腐蚀性而且按腐蚀速度控制使用寿命的容器，内外部检测的间隔期限不应该超过容器剩余寿命的一半。容器的剩余寿命按容器的实际腐蚀裕度（即检测时测定的实际厚度减去不包括腐蚀裕度在内的计算厚度）与腐蚀速度之比进行计算。容器的剩余寿命（年）等于实际腐蚀裕度（mm）除以腐蚀速度（mm/年）。内外部检测项目包括以下内容：

① 外部检测的全部项目。

② 容器内壁的防护层是否完好，有无损坏现象。

③ 容器内壁是否存在腐蚀、磨损以及裂纹等缺陷，如果有缺陷要进行测量并分析它的严重程度，确定对缺陷的处理方法。

④ 容器有无宏观局部变形或整体变形，评价变形程度。

⑤ 容器在操作压力和操作温度下若工作介质对容器壁的腐蚀有可能引起金属材料组织的破坏，则应对器壁进行金相检验、化学成分分析和表面硬度的测定。

对容器检验有三种结论：按原设计工艺条件继续使用；采取适当的措施继续使用；不能继续使用（判废）。对检测出缺陷的容器，除判废者外，其他可以根据使用条件和缺陷的具体情况严重程度继续使用。

2.4.1.3 全面检测

容器进行全面检测的目的：确定是否在设计要求的工艺条件下继续安全使用。全面检测的期限一般每六年进行一次。容器的全面检测主要包括以下主要内容：

① 内外部检测的全部项目。

② 宏观检测发现焊接质量不良的容器，对焊缝做射线或超声波探伤抽查。

③ 高压容器主螺栓全部进行表面探伤。

④ 对容器进行耐压试验。

2.4.2 过程装备无损检测

过程装备主要是指化工、石油、制药、轻工、能源、环保和食品等行业生产工艺过程中所涉及的关键典型装备。根据过程装备制造的不同可将过程装备分为两类：第一类以焊接为主要制造手段的过程设备部分，如换热器、塔器、反应容器、储存容器及锅炉等；第二类以机械加工为主要制造手段的过程机器部分，如泵、压缩机、离心机等。另外，过程装备也包含由于各种特殊生产工艺要求，如吸附、膜分离技术等而以综合制造手段生产的各种工艺装置。这些主要设备在制造、应用过程中必须要进行检测和维修，为此过程装备的检测技术至关重要。

无损检测技术是一种广泛应用于设备检测的新技术，也是生产中不可缺少的重要手段，本课程以无损检测技术为主要学习内容。无损检测技术是指在不损伤和不破坏被检物(原材料、局部件和焊缝等)的前提下检查被检物表面及内部缺陷的一种技术手段，又称为无损探伤；该检测技术在过程装备制造过程以及在役装备检验方面发挥重要作用，有效地提高了装备安全可靠性，降低了产品成本，改进了制造工艺。

无损检测在工业生产中主要有三方面应用。① 出厂检验：在产品制造加工过程中及制造完成后出厂前进行检测，检验产品是否达到设计要求。② 役前检验：设备投入使用前用户根据技术指标进行验收检查，对产品能否安全使用做出质量鉴定。③ 在役检验：设备运行过程中定期或经常地对某些易发生缺陷或故障部位进行检验，以保证设备使用过程中的安全，做到防患于未然。

无损检测方法有射线、超声波、磁粉、渗透等探伤及声发射检测、全息照相和热红外线扫描照相等，生产中最常用的为射线、超声波、磁粉和渗透等无损探伤方法。射线和超声波探伤主要用于探测被检物的内部缺陷；磁粉探伤用于检测表面和近表面缺陷；渗透探伤则用于探测表面开口的缺陷。工程上主要的无损检测方法如下：

2.4.2.1　射线探伤

射线探伤是检测材料内部缺陷比较成熟的一种方法，它是利用射线能够穿透物质的特性来检测缺陷的。目前应用最广泛的是 X 射线和 γ 射线，高能 X 射线在工业上也逐渐得到应用。射线检测的优点是检测结果可作为档案资料长期保存，检测图像较直观，对缺陷尺寸和性质判断比较容易。因此，射线探伤已在化工、炼油、电站设备制造以及飞机、宇航、造船等工业得到极为广泛的应用。

射线检测基本原理是利用射线通过物质时的衰减规律，即当射线通过物质时，由于射线与物质的相互作用发生吸收和散射而衰减，其衰减程度，则根据其被通过部位的材质、厚度和存在缺陷的性质不同而异。利用射线检测时，若被检工件内存在缺陷，缺陷与工件材料不同，其对射线的衰减程度不同，且透过厚度不同，透过后的射线强度则不同。对过程设备射线检测后，需要对射线底片进行评定即对底片进行分析、判断、评定并做出结论。根据评定的结论及被检工件的要求和相关标准来决定工件是否合格、返修等情况。焊缝常见缺陷:裂纹、气孔、夹渣、未焊透、烧穿等。

射线检测过程需要注意操作人员的安全和健康,做好防护措施,使接受剂量在国家规定的“最大容许剂量”以下。射线防护方法主要从控制辐射剂量着手,把辐射剂量控制在保证工作人员健康和安全的条件下的最低标准内。对射线检测的外照射防护来讲,主要从照射时间、距离和屏蔽三方面进行。因为人体所接受的总剂量,同人体与辐射射线接触的时间成正比,控制时间同样可以达到目的。安全距离防护法是利用调节工作人员至辐射源之间的距离达到防护的目的。室内的射线工作场所,一般均采用屏蔽法,屏蔽材料常采用原子序数较大的铅板,并根据射线能量强度选取不同厚度,以减弱射线辐射量,达到防护目的。

2.4.2.2 *超声波探伤*

超声波探伤是利用发射的高频超声波(1～10 MHz)射入到被检测物的内部,如遇到内部缺陷则一部分入射的超声波在缺陷处被反射或衰减,然后经探头接收后再放大,由显示的波形来确定缺陷的部位及其大小,再根据相应的标准来评定缺陷的危害程度。超声波检测压力容器缺陷是应用最广的无损检验方法,能发现钢板及焊缝中的各类缺陷,它的特点是定位较准确、安全、自动化程度高,制造和在役检验都较方便。目前广泛应用各种方式的脉冲反射机理,已能测出2～5 mm的裂纹。

根据超声波质点振动方向与波的传播方向的关系不同,可将超声波分为纵波(质点振动方向与波的传播方向一致)、横波(质点振动方向与波的传播方向垂直)、表面波(质点振动时波沿固体表面传播)、板波(在厚度与波长相当的薄板中传播的一种波形)。其中,纵波和横波的应用比较广泛,纵波及横波通常是由直探头和斜探头产生的。

直探头探测时,超声波垂直入射到界面上,超声波从直探头的发射点发射进入工件中垂直发射传播,到达底面绝大部分能量的超声波反射回来,被探头接收。若超声波在钢介质中碰到缺陷时,则从缺陷界面反射回来,故可判别缺陷的存在,并能进一步判断缺陷的位置,根据反射回的波形形态、特点还可以判断缺陷的性质。

斜探头探测焊缝时,常用于焊缝余高凸凹不规则且高出钢板表面的检测。斜探头发生的超声波进入钢板后的方向沿着倾斜角度方向传播,方向有夹角 β,β 为斜探头的特性参数之一,常用 $K=\tan\beta$ 来表征。当超声波传播到钢板与空气的界面时,产生全反射。由于钢板上、下两表面是平行的,所以超声波将在钢板内按 W 形路线传播。

用超声波检测钢材料时,超声波是由探头发射出来的,而探头通常是由有机玻璃制造的，所以超声波首先接触的第一介质就是有机玻璃（固体），在进入到钢材料（钢介质）之前，接触的第二传播介质通常是空气，由探头产生并发射出来的超声波碰到的第一界面是由有机玻璃（固体）与空气（气体）组成的界面，使超声波很难进入到被检工件钢材料中去。为此超声波检测时必须用耦合剂（一般为液体，排除了串气的影响）以解决这个问题。

2.4.2.3　*磁粉检测*

磁粉检测是一种比较古老的无损检测方法，它被广泛地应用于探测磁性材料的表面和近表面缺陷。工件表面和内部存在缺陷时，磁性材料被磁场强烈磁化，缺陷的导磁串远小于工件材料，磁阻大，阻碍磁力线顺利通过，造成磁力线弯曲。如果工件表面、近表面存在缺陷，则磁力线在缺陷处会逸出表面进入空气中，形成漏磁场。此时若在工件表面撒上磁导率很高的磁性铁粉，在漏磁场处就会有磁粉被吸附，聚集形成磁痕，通过对磁痕的分析即可评价缺陷。磁粉检测目前广泛地应用于压力容器及锅炉制造、化工、电力、造船、航空和宇航工业部门重要的零部件的表面质量检验。

磁粉检测适用于能被磁化的材料，可以用于检测材料和工件表面和近表面的缺陷，能直观地显示出缺陷的形状、尺寸、位置，进而能做出缺陷的定性分析，检测灵敏度较高，能发现宽度仅为 0.1 μm 的表面裂纹，可以检测形状复杂、大小不同的工件，检测工艺简单，效率高，成本低。磁粉检测灵敏度的高低，关键在于形成漏磁场强度的强弱。影响漏磁场强度的主要因素为外加磁场强度、缺陷的形状和位置、被检材料的性质、被检材料表面状态等。

2.4.2.4　*渗透检测*

渗透检测技术也是一种古老的探伤技术，它广泛应用于钢铁零件的质量，特别是铁道系统应用更为广泛。渗透检测是利用液体的毛细现象检测非松孔性固体材料表面开口缺陷的一种无损检测方法。在装备制造、安装、在役和维修过程中，渗透检测是检验焊接坡扣、焊接接头等是否存在开口缺陷的有效方法之一。这种方法的优点是应用广泛，原理简单，设备简单，显示缺陷比较直观。

当被检工件表面存在有细微的肉眼难以观察到的裸露开口缺陷时，将含有有色染料或荧光物质的渗透剂，用浸、喷或刷涂方法涂覆在被检工件表面，保持一段时间后，渗透剂在存在缺陷处的毛细作用下渗入表面开口缺陷的内部，然后用清洗剂除去表面上滞留的多余渗透剂，再用喷或刷涂方法在工件表面上涂覆薄薄一层显像剂。经过一段时间后，渗入缺陷内部的渗透剂又将在毛细作用下被吸附到工件表面上来，若渗透剂和显像剂颜色反差明显（着色渗透检验）或是含有荧光材料（荧光渗透检验），则在白光或者黑光灯下，很容易观察到放大的缺陷。这就是渗透检测的基本原理。

渗透检测适用材料广泛：金属材料，非金属材料，可检测工件裸露处表面开口缺陷，但对内部深处缺陷不能检测。渗透检测设备简单、操作方便，尤其对大面积的表面缺陷检测效率高、周期短，但所使用渗透检测剂（渗透剂、显像剂、清洗剂）有刺激性气味，应注意通风安全。若被检表面受到严重污染，缺陷开口被阻塞且无法彻底清除时，渗透检测灵敏度将显著下降。

2.4.2.5　声发射

声发射是通过接收和分析材料的声发射信号来评定材料性能或结构完整性的无损检测方法。声发射技术的应用已较广泛，可以用声发射鉴定不同范性变形的类型，研究断裂过程并区分断裂方式，检测出小于 0.01 mm 长的裂纹扩展，研究应力腐蚀断裂和氢脆，检测马氏体相变，评价表面化学热处理渗层的脆性以及监视焊后裂纹产生和扩展等等。在工业生产中，声发射技术已用于压力容器、锅炉、管道和火箭发动机壳体等大型构件的水压检验，评定缺陷的危险性等级，做出实时报警。在生产过程中，用声发射技术可以连续监视高压容器、核反应堆容器和海底采油装置等构件的完整性。声发射技术还应用于测量固体火箭发动机火药的燃烧速度和研究燃烧过程，检测渗漏，研究岩石的断裂，监视矿井的崩塌，并预报矿井的安全性。

2.5　过程装备控制基础知识

2.5.1　过程控制系统的产生及发展

过程装备控制是指在过程设备上，配上一些自动化装置以及合适的自动控制系统来代替操作人员的部分或全部直接劳动，使设计、制造、装配、安装等在不同程度上自动进行。这种利用自动化装置来管理生产过程的方法就是生产过程自动化。生产过程自动化的程度已成为衡量工业企业现代化水平的一个重要标志。过程装备控制是生产过程自动化最重要的一个分支。

过程控制系统在控制结构上经历了三个发展阶段：分散控制阶段、集中控制阶段和智能控制阶段。① 分散控制阶段：作为过程控制的初级阶段，时间上指 20 世纪 70 年代之前阶段，此阶段的理论基础是古典控制理论，主要内容包括人工控制，采用常规气动、液动和电动仪表，对生产过程中的温度、流量、压力和液位进行控制，以单回路结构、PID 策略为主，其主要任务是实现定值控制，维持过控系统稳定。② 集中控制阶段：作为过程控制的发展阶段，时间上指 20 世纪 70 年代至 90 年代初的阶段，此阶段的理论基础是现代控制理论，以微型计算机和高档仪表为工具，对较复杂的工业过程进行控制，主要包括自适应控制、预测控制、最优控制、解耦控制、模糊控制等，其主要任务是克服干扰和模型变化，满足复杂的工艺要求，提高控制质量。分散控制系统是过程控制发展史上的一个里程碑，其显著标志是1975年美国Honeywell公司的分散控制系统问世。③ 智能控制阶段：作为过程控制的高级阶段，时间上指20世纪90年代后至目前的阶段，其理论基础是人工智能及神经网络系统，朝综合化、智能化方向发展，以计算机及网络为主要手段，对企业的经营、计划、调度、管理和控制全面综合，实现从原料进库到产品出厂的自动化、整个生产系统信息管理的最优化。

近年来，在控制工具方面，出现了一种新的控制系统，称之为现场总线系统(FCS)。现场总线技术是计算机技术、通信技术、控制技术的综合与集成，它的特点是全数字化、全分布、全开放、可互操作和开放式互联网络。它克服了DCS的一些缺点，在体系结构、设计方法、安装调试方法和产品结构方面，对自动控制系统产生了深远的影响。

2.5.2 过程控制系统的组成及分类

典型控制系统由以下几部分组成。

(1) 被控对象

在自动控制系统中，工艺变量需要控制的生产设备或机器称为被控对象，简称对象。在化工生产中，各种塔器、反应器、泵、压缩机以及各种容器、贮罐、贮槽，甚至一段输送流体的管道或者复杂塔器(如精馏塔)的某一部分都可以是被控对象。

(2) 测量元件和变送器

测量需控制的工艺参数并将其转化为一种特定信号(电流信号或气压信号)的仪器，在自动控制系统中起着“眼睛”的作用，因此要求准确、及时、灵敏。

(3) 调节器

又称控制器，它将检测元件或变送器送来的信号与其内部的工艺参数给定值信号进行比较，得到偏差信号；根据这个偏差的大小按一定的运算规律计算出控制信号，并将控制信号传送给执行器。

(4) 执行器

接收调节器送来的信号，自动地改变阀门的开度，从而改变输送给被控对象的能量或物料量。最常用的执行器是气动薄膜调节阀。当采用电动调节器时，调节阀上还需增加一个电气转换器。

过程控制系统的分类方法很多，主要有以下几类：① 按被控参数的名称分类；② 按控制系统完成的功能分类；③ 按调节器的控制规律分类；④ 按被控量的多少分类；⑤ 按采用仪表的形式分类；⑥ 按输出对操纵变量的影响分类；⑦ 按复杂程度分类；⑧ 按克服干扰的方式分类，常见的分类如图 2-3 所示。

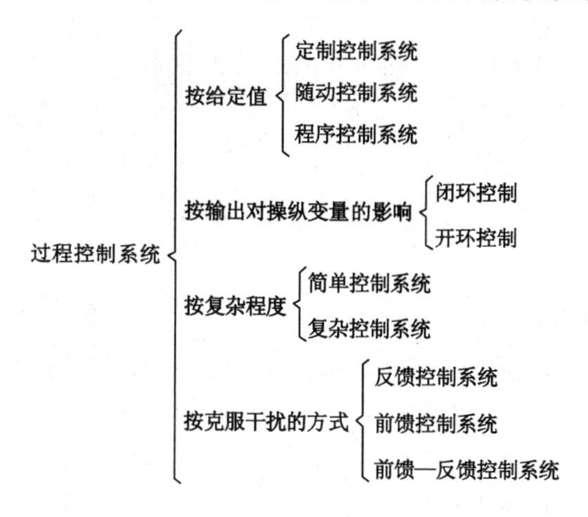

图 2-3　过程控制系统分类

第3章 现场实习

3.1 空分装备实习

3.1.1 空分原理介绍

空气中的主要成分是氧和氮,它们分别以分子状态存在,如表3-1所列。分子是保持它原有性质的最小颗粒,直径的数量级在 10^{-8} cm,而分子的数目非常多,并且不停地在做无规则运动。空气中的氧、氮等分子是均匀地相互掺混在一起的,因此,要将它们分离是较困难的。

表3-1 空气主要成分及其比例

空气成分名称	体积百分比/%	汽化温度/℃	熔化温度/℃
氮(N_2)	78.09	−195.8	−209.86
氧(O_2)	20.95	−183	−218.4
氩(Ar)	0.93	−185.7	−189.2
二氧化碳(CO_2)	0.03		

目前空气分离主要有3种方法。

3.1.1.1 低温法

先将空气通过压缩、膨胀降温,直至空气液化,再利用氧、氮的汽化温度(沸点)不同(在大气压力下,氧的沸点为90 K,氮的沸点为77 K),沸点低的氮相对于氧要容易汽化这个特性,在精馏塔内让温度较高的蒸气与温度较低的液体不断相互接触,液体中的氮较多地蒸发,气体中的氧较多地冷凝,使上升蒸气中的含氮量不断提高,下流液体中的含氧量不断增大,以此实现将空气分离。要将空气液化,需将空气冷却到100 K以下的温度,这种制冷叫深度冷冻;而利用沸点差将液态空气分离的过程叫精馏过程。低温法实现空气分离是深冷与精馏的组合,是目前应用最为广泛的空气分离方法。

3.1.1.2 吸附法

吸附法让空气通过充填有某种多孔性物质——分子筛的吸附塔,利用分子筛对不同的分子具有选择性吸附的特点来实现空气分离。如有的分子筛(如5A,13X等)对氮具有较强的吸附性能,让氧分子通过,因而可得到纯度较高的氧气;有的分子筛(碳分子筛等)对氧具有较强的吸附性能,让氮分子通过,因而可得到纯度较高的氮气。由于吸附剂的吸附容量有限,当吸附某种分子达到饱和时,就没有继续吸附的能力,需要将被吸附的物质驱赶掉,才能恢复吸附的能力,这一过程叫"再生"。因此,为了保证连续供气,需要有两个以上的吸附塔交替使用。再生的方法可采用加热提高温度的方法(TSA)或降低压力的方法(PSA)。

吸附法流程简单,操作方便,运行成本较低,但要获得高纯度的产品较为困难,产品氧纯度在93%左右。并且,它只适宜于容量不太大(小于4 000 m^3/h)的分离装置。

3.1.1.3 膜分离法

膜分离法是利用一些有机聚合膜的渗透选择性,从而实现氧、氮的分离。因此,当空气通过薄膜(0.1 μm)或中空纤维膜时,氧气穿透薄膜的速度约为氮的4～5倍。这种方法装置简单,操作方便,启动快,投资少,但富氧浓度一般适宜在28%～35%,规模也只适宜中、小型,所以只适用于富氧燃烧和医疗保健等方面。目前在玻璃窑炉中已得到实际应用。

3.1.2 空分的应用领域

空分产品是指空气通过一定的工艺流程分离后获得的氧气、氮气、氩气等。一般常说的空分产品主要是指低温精馏法获得的氧气和氮气。

3.1.2.1 在钢铁工业中的应用

氧气炼钢的发明促进了空分设备大型化。1952年奥地利林茨钢厂和多纳维茨钢厂首先应用氧气顶吹转炉炼钢法,美国是继奥地利后世界上最早采用氧气顶吹转炉炼钢的国家,之后就是日本。我国氧气顶吹转炉炼钢是由首都钢铁公司率先采用的,其使用的杭州杭氧股份有限公司制造的国内钢铁业第1、2套3 350 m^3/h制氧机,是与国内自行设计的30 t转炉配套的。1975年,上海钢铁工业采用氧气炼钢量占整个钢产量的75.8%。氧气促进了钢铁工业大飞跃,反过来钢铁工业推动了空分设备大型化,并成为空分设备第一大用户。

如今吹氧炼钢已为各国普遍采用,成为钢铁工业飞跃发展的一条重要途径。吹氧炼钢的主要方式有:转炉纯氧顶吹或底吹炼钢、电弧炉炼钢和平炉炼钢。转炉炼钢每吨钢耗氧50～60 m^3;电弧炉炼钢每吨钢耗氧10～25 m^3;平炉炼钢每吨钢耗氧20～40 m^3。

进入20世纪90年代,电炉短流程技术蓬勃发展。现代化大型电炉采用了各种强化供氧技术,提高了生产效率,降低了电耗。和30年前相比,电炉的冶炼周期从 210 min 降低到 55 min，冶炼电耗从 650 kW·h/t 降低到 350 kW·h/t，而氧气的用量从 8 m^3/t 增加到 35～60 m^3/t。炼钢用氧要求氧气纯度达到 99.6%，为避免钢水吸氧，一般要求总管压力大于 2 MPa，工作压力大于 1.2 MPa，要求气体清洁，无水无油。此外，轧钢每吨钢耗氧 3～6 m^3，钢材加工、连铸坯火焰切割、火焰清除、炉衬火焰每吨钢耗氧 11.4～14.2 m^3。

高炉富氧喷煤炼铁可提高利用系数和降低焦比。平均每富氧 1%，可增产 2.27%，温度升高 35 ℃，吨铁成本降低 6.91 元。当富氧到 24.71%时，喷煤量达到 161 kg/t，入炉焦比降到 407 kg/t，综合焦比降到 536 kg/t。

氮气在钢铁厂的应用：主要是用作保护气，如轧钢、镀锌、镀铬、热处理（尤为薄钢片）连续铸造等都要用氮气作保护气，而且氮气纯度要求 99.99%以上。

氩的化学惰性被用于特种金属的冶炼：锂、铍、铀、钚、钍、钛、锆、铪、铌、钽等原子核及空间工业方面所需的稀有金属进行还原反应时，要用氩气作环境气体。

炼钢过程也要用氩：如向熔融的钢水中吹入氩气，使成分均匀，钢液净化，并可除掉溶解在钢水中的氢、氧、氮等杂质，提高钢坯质量。吹氩还可以取消还原期，缩短冶炼时间，提高产量，节约电能等。氩气吹炼和保护是提高钢材质量的重要途径，我国已有不少钢厂采用。据介绍，氩气耗量为 1～3 m^3/t 钢。据报道，目前炼铁、炼钢、轧钢的综合氧耗已达 100～140 m^3/t，氮耗 80～120 m^3/t，氩耗 3～4 m^3/t。

3.1.2.2 *在石化工业中的应用*

合成氨的发明开拓了空分设备在化工方面的巨大应用。氧气作为粉煤或重油的气化剂，氮气作为化肥的原料气。如以粉煤气化，每吨合成氨耗氧 500～900 m^3；如以重油等为燃料，每吨合成氨耗氧 640～780 m^3；如以天然气等为燃料，每吨合成氨耗氧 250～700 m^3。石化企业煤气化厂，如每天用 2 000 t 煤，要配 48 000 m^3/h 空分设备；用 1 500 t 煤，要配 38 000 m^3/h 空分设备。

氮气是氮肥工业的主要原料，如硝酸铵含氮 36%、硫酸铵含氮 21%、尿素含氮 46.7%。氮气在氮肥厂开工生产前，或在系统大修后，还用来置换管道和容器内的空气或煤气，以确保安全操作。在小型水煤气制合成氨的工厂中，加氮后氮、氢比例稳定，操作平稳，同时可降低合成氨的电耗。此外还用精氮（99.99%）保护触媒。用纯液氮洗涤精制的氢氮混合气，使得惰性气体（甲烷和氩）含量极微，一氧化碳和氧的含量不超过 20×10^{-6}。这种氮洗，氮气的消耗量约为 750 m^3/t 氨。大化肥装置一定要配置大型空分设备，如山西省化肥厂，年产 30 万 t 合成氨，有一套法国 20 000 m^3/h 空分设备，其鲁奇炉加压气化需要 19 780 m^3/h、90%O_2；液氮洗涤需要 29 681 m^3/h、2×10^{-6} O_2 的高纯氮以及 750 m^3/h 的液氮。南京化学工业有限公司每年生产30万t合成氨装置和52万t尿素装置，配置能力为40 000 m^3/h的空分设备。

此外，在化工厂氮气主要用作保护气、置换气、洗涤气，以保障安全生产。如聚丙烯生产，要用纯氮(99.99%)作保护气、置换气。化工厂是用氮大户，氮气是化工厂的“保安气”，开拓化工用氮是大有可为的。

3.1.2.3 在煤气化和煤液化工业上的应用

煤气化工业的发展，对我国化肥、煤化工、冶金、城市煤气、建材等产业的技术升级、节能降耗和污染治理具有十分重要的意义，符合国家产业政策和可持续发展战略要求，市场前景极为广阔。

利用德士古炉合成煤气制造甲醇，已成为当前煤化工的重点，这是因为它以煤为原料比用石油作原料成本低，并且甲醇用途越来越广。德士古煤气化化工工业在我国将会大量发展。而制造1 m^3德士古合成煤气需耗氧0.37～0.43 m^3，一台ϕ2 790×6 989 mm德士古煤气化炉，每天可气化500 t煤，生产90万m^3合成煤气，每小时大约需耗氧15 000 m^3±10%。抚顺恩德机械有限公司40 000 m^3/h恩德粉煤气化装置在我国氮肥行业合成气生产中得到推广应用。该装置的使用将为黑龙江黑化集团有限公司利用附近粉煤资源、降低合成氨成本和改善环境带来很好的经济效益和社会效益。

在煤液化工业方面，据专家提出，21世纪煤液化技术是我国能源发展方向。目前，用煤合成油有间接(热裂解或催化加氢)液化和直接(煤气化)液化两种方法。现在世界上煤液化生产合成石油的路线主要是通过煤气化生产合成气，然后再合成油。美国联碳公司研究指出，从煤生产合成燃料的转化过程中使用95%～98%的中纯氧，可节能3%～8.5%。在煤的气化过程中，氧气用作将固体煤转化成可燃气体混合物的氧化剂；在煤的液化过程中，氧气用作使煤从贫氢固体烃转化成富氢液体烃的媒介物，且用氧量很大，生产1 t煤合成燃料所需氧气量最少为0.3 t氧/1 t煤，也可能达到1 t氧/1 t煤。所以产量为10万桶/d的合成燃料装置，需要10～20套并联安装的58 400～73 000 m^3/h制氧机。

庞大的市场需求，也反映了我国空气分离市场的飞速发展。空气分离市场的繁荣主要源于四个因素：第一，中国的钢铁工业近几年来发展迅速，而氧气和氮气是钢铁工业所需的原材料，因而钢铁工业的繁荣必然带动了空气分离设备市场的发展；第二，中国政府正越来越关注节能和环保问题，原先那些小而旧的空气分离设备正在逐步被更大规模、更高效的设备所取代；第三，近两年来呈良好发展势头的石化行业需要比钢铁行业更大规模的空气分离设备；最后，新型的空气分离设备的应用流程的出现带来了新的市场机会。

3.1.2.4　在其他领域的应用

近年来，空分在环境保护领域有了诸多的应用空间，如污水处理、垃圾焚烧、纸浆漂白和水的消毒处理、低温粉碎及超细粉碎等相关环保领域。随着政府企业等对于环保意识的逐步提升，空分在环保领域必将有更为广阔的发展空间。与此同时，在安全生产以及社会生活方面空分也有很多的发展领域，如氧疗保健、冷冻医疗、食品充氮保鲜等。

随着各空分设备应用行业的飞速发展，空分设备已向大中型设备转化，并向大型设备重点发展。庞大的市场需求，使国内对大型空分设备的需求将迎来新一轮高峰。但随着相关行业的发展，大型空分设备国产化以及空分装置流程多样化将成为我国空分设备制造行业做大做强的关键。我们需设计和制造出有高科技含量、技术成熟的大型空分设备，争取大型空分设备市场更大的份额，同时把传统的空分设备市场观念从冶金领域转向煤化工以及其他相关领域，发展一种多元化的空分设备市场体系。

3.1.3　空分行业发展

通过引进技术、吸收消化、自主创新和国产化技术攻关，我国已经具备了设计制造 80 000 m^3/h 等级常规外压缩流程和内压缩流程空分设备的能力。目前，随着我国大石化、大化肥、大煤化工和大冶金工业的不断发展，我国已成为世界上建设空分项目最多、空分技术发展最活跃的国家。仅杭氧股份有限公司每年设计制造的大型空分设备达 40 多套，折合每小时的制氧能力达到 70 多万立方米，已成为世界上设计制造能力最强的空分设备供货商之一。由于需求的推动，许多新技术应用于空分设备中，使空分设备的设计制造技术取得了长足的进步。氧、氩提取率进一步提高，产品能耗进一步降低，空分设备的可靠性和安全性更有保证，流程组织形式更加优化，设备配置更趋合理，自动化控制水平更加提高，工程项目服务方式得到了进一步的延伸。现结合近几年我国大型空分设备发展状况，分析常用的几种空分流程形式和关键部机的技术现状，并对空分设备技术发展前景趋势进行探讨。

3.1.3.1　空分设备进一步大型化

冶金、化工、石化和煤化工项目不断朝着大型化发展，对单套空分设备的规模也提出了新的要求，单套装置的规模越来越大。2000 年之前，杭氧股份有限公司单套空分设备的规模一直徘徊在 15 000 m^3/h 等级。自 2000 年杭氧股份有限公司与济南钢铁集团签订首套 20 000 m^3/h 空分设备以后，我国迈向了空分设备大型化之路。具有里程碑意义的项目有：2001 年 9 月 24 日，杭氧股份有限公司与宝山钢铁股份有限公司签订的 30 000 m^3/h 空分设备；2003 年 1 月 18

日，杭氧股份有限公司与辽宁北台钢铁集团签订的50 000 m^3/h 空分设备；2003年12月4日，杭氧股份有限公司与中石化湖北化肥分公司和安庆石化签订的两套48 000 m^3/h 内压缩流程空分设备；2006年3月，杭氧股份有限公司与大唐国际发电股份有限公司签订的3套58 000 m^3/h 空分设备；2006年8月8日，杭氧股份有限公司与宝山钢铁股份有限公司签订的60 000 m^3/h 等级空分设备。在不到5年的时间内，仅杭氧股份有限公司就设计制造了30 000～40 000 m^3/h 等级空分设备25套，其中已投产达10套；50 000～60 000 m^3/h 等级空分设备13套，其中已投产3套。

但是在空分设备大型化过程中也有一些问题需要进行思考。第一，单套空分设备规模应有利于供气模式的确定。一般钢铁企业采用多机组联合向炼钢用户供氧，这样也基本确定了空分设备单套装置的容量，如中型钢铁公司一般需求的是20 000～30 000 m^3/h 等级空分设备，大型钢铁公司需求的是30 000～60 000 m^3/h 等级空分设备，如宝山钢铁股份有限公司现在已投运和正在建设的有8套60 000 m^3/h 等级空分设备，而规划中的空分设备项目仍然是60 000 m^3/h 等级的。钢铁企业的机组配置形式和联合供气模式值得其他行业参考。第二，应考虑制造加工水平和运输条件的限制，空分设备的规模不能无限扩大。对于制氧总量在24万 m^3/h 的空分项目，目前比较典型的组合方式是4套60 000 m^3/h 等级空分设备或3套80 000 m^3/h 等级空分设备。选择60 000 m^3/h 等级空分设备应该说从工艺流程、设备制造和运输上均比较成熟；而选择80 000 m^3/h 等级空分设备及以上等级的空分设备，在设备的选型和运输上就会存在一定的问题，特别是原料空压机，选型就比较困难，有可能要选择离心＋轴流式的压缩机，这样压缩机的能耗就比较高。当然，在总的制氧规模确定的前提下，选择合适的空分设备规模还取决于后续煤化工工艺和气化炉的数量。选择4套60 000 m^3/h 等级空分设备的组合方式，整个空分系统的变负荷范围更大，也可以更好地发挥多套空分设备联合供气的优势。

3.1.3.2 流程形式多样化，针对性地进行优化设计

原来杭氧股份有限公司设计制造的空分设备流程形式比较单一，即主要以外压缩流程为主导，而现在已趋多样化，可根据用户的要求进行流程的优化设计。

杭氧股份有限公司一向重视流程计算软件的开发和流程优化设计。运用美国ASPEN热力计算软件，对空分流程进行集成计算；采用经典精馏计算软件，同时结合目前采用规整填料塔及全精馏无氢制氩流程的特点，自行开发了适用于该流程的精馏计算模块，实现主塔与氩塔的耦合精馏计算；采用专用的性能和结构计算软件，对空气预冷系统和分子筛纯化系统进行计算，计算合理的分子筛

再生污氮气量,在保证分子筛再生气量的同时使空气预冷系统获得尽可能多的污氮气量;使用美国 S—W 公司板翅式换热器性能及结构计算程序,对换热器进行热力计算。这些设计计算软件被广泛用于大型空分设备的开发设计,实践证明这些软件是先进的、可靠的。

针对用户所需气体产品和液体产品特点及投资情况进行方案比较,确定最佳的流程形式;然后对流程中各点参数进行优化和部机的初步设计,保证空分设备设计性能指标的先进性。

空分设备的用户可分为冶金和化工(石化)等行业。针对用户对空分设备产品的压力和纯度等不同的要求,杭氧股份有限公司进行了广泛的研究,逐步形成了冶金型和化工(石化)型空分设备。石化行业对氧、氮产品的压力要求一般在 4.0 MPa 到 10.0 MPa 之间,其所需的空分设备规模也多数在 30 000 m^3/h 等级以上,对空分设备各种产品的要求繁多,往往会同时要求生产不同流量、多种压力等级的氧气和氮气。因此,对于石化行业的用户来讲,采用内压缩流程空分设备是较好的选择。

冶金行业一般对氧、氮产品的压力要求在 3.0 MPa 左右。由于杭氧股份有限公司设计制造的氧气透平压缩机成功应用,所以常规的外压缩流程仍然是主要选择。当然,如果冶金行业的用户同时要销售液体产品,采用内压缩流程也是可供选择的方案。

3.1.3.3 关键静态设备的设计制造技术

(1) 精馏塔

20 世纪 90 年代,杭氧股份有限公司成功开发采用规整填料塔和全精馏无氢制氩技术的新一代空分设备以后,精馏塔技术在不断完善和提高之中。针对单机容量越来越大的空分设备,即使采用了规整填料以后,上塔的直径也会超过运输条件规定的尺寸。苏尔寿公司开发出了 Mellpakplus 填料,这种新型填料的应用,可以比采用常规规整填料更有效地缩小塔径,使 60 000 m^3/h 等级空分设备的规整填料上塔塔径在允许的运输条件之中。但在实际应用中也发现了一些问题,由于塔径比常规的规整填料塔有所缩小,上塔阻力有所提高。

由于减小下塔的阻力不像减小上塔阻力对降低能耗那样有效,而且在精馏压力较高情况下,规整填料塔的优势不显著,所以空分设备下塔采用筛板塔的比较多。随着塔直径的增大,有双溢流筛板塔和四溢流筛板塔供选择。目前有些用户要求空分设备进行半负荷运行,如果要求筛板塔能够满足这个要求,那么在正常工况下(即 100%的设计工况),下塔的阻力会偏大,对降低能耗不利,所以有些项目也有采用规整填料下塔的。但相对于筛板塔而言,投资成本会提高不少,同时下塔的高度也会增加,对主塔的总体布置会增加一定的难度。

(2) 主冷凝蒸发器

自杭氧股份有限公司与西安交通大学成功合作开发出双沸腾主冷凝蒸发器(简称主冷)以来，解决了 30 000～40 000 m^3/h 等级空分设备主冷凝蒸发器的运输问题，同时也提高了主冷凝蒸发器的换热器换热效果，降低了空分设备能耗。但随着空分设备规模不断扩大和用户对能耗要求的提高，即使采用了双沸腾主冷凝蒸发器也解决不了运输条件的限制。扩大直径受限，而增加主冷高度使总体布置更困难，所以杭氧股份有限公司最近开发出了卧式主冷凝蒸发器和卧式双沸腾主冷凝蒸发器，有效地解决了主冷凝蒸发器由于直径过大而不能运输的问题。但同时也出现了新的问题，主冷在冷箱内的安装难度加大，主冷与上塔连接的管路比较复杂。卧式主冷已在包头钢铁有限责任公司 40 000 m^3/h、湘钢梅塞尔气体产品有限公司 40 000 m^3/h 等外压缩流程空分设备上成功应用，同时在大唐国际发电股份有限公司 58 000 m^3/h、中国石化齐鲁石油化工公司 42 000 m^3/h、宝山钢铁股份有限公司 60 000 m^3/h 和神华集团有限责任公司 60 000 m^3/h 等空分设备的设计和制造中也得到了应用。

(3) 高压铝制板翅式换热器

铝制设备由于铝合金材料的特殊性，《压力容器安全技术监察规程》规定设计压力应≤8.0 MPa。但是目前煤化工项目要求内压缩流程空分设备的氧气和氮气压力最高已达 9.7 MPa，过去一般只能采用铜制绕管式换热器。这种换热器体积大，换热效果差，热端温差大，使空分设备的能耗提高。目前，在氧气和氮气压力为 8～10 MPa 的内压缩流程空分设备中，杭氧股份有限公司已成功地用铝制板翅式换热器代替盘管式换热器，使冷箱体积缩小，热端温差缩小，降低了能耗。

3.1.3.4　配套的关键转动机械

特大型空分设备配套的转动机械主要有原料空气压缩机、增压空气(氮气)循环压缩机、透平膨胀机组和低温液体泵。这些关键转动机械性能好坏直接影响成套空分设备的能耗和运行的可靠性。原料空气压缩机的作用是为装置提供带压气源，增压循环压缩机的作用是为装置提供膨胀及高压氧(氮)汽化气源。目前有 3 种选择方案：一是进口，性能得到保证，效率高，技术成熟，但投资成本高；二是国产，在保证性能的基础上，可以大大降低投资成本；三是合作生产，即由国外供货商进行性能计算和性能保证，并提供转子等关键零部件，其他的辅机，如机壳、冷却器由国内制造，这样在保证性能的同时，又可降低投资成本，缺点是合作方式比较困难。

中压透平膨胀机一般采用以下 3 种模式：一是进口 1 台主机，离线备用机芯总成，辅机如冷却器、过滤器等由杭氧股份有限公司配套；二是 1 台主机进口，1

台由杭氧股份有限公司制造，杭州钢铁有限公司 20 000 m^3/h 空分设备和华鲁恒升 48 000 m^3/h 空分设备就采用了这种模式；三是都采用杭氧股份有限公司制造的中压透平膨胀机，如陕西渭河煤化工有限责任公司 28 000 m^3/h 空分设备。

低温液体泵，目前一般都采用进口产品，性能先进、可靠，而且这部分增加成本所占全部成本的比例很小。

3.1.3.5 工程项目服务方式一体化

我国空分设备行业，由于受传统生产方式影响，空分设备制造商仅对空分设备的主体设备进行设计、制造及供货，把工厂布置、主要设备的连接交给了工程设计院。事实上，对于整套空分设备的工艺流程、工艺管线的设计要求最熟悉的还是空分设备供货商的技术人员。所以空分设备供货商的技术人员除对空分设备主体进行设计外，要从项目的规划和整体构思开始，到具体实施，直到投产进行全程跟踪、服务。目前空分设备供货商可以做到的工作主要有：① 前期准备工作，根据用户用气的情况，确定气体产品的产量、压力，共同研究空分设备的配置方案；② 空分设备单元包的设计，就是将空分设备分成机器、空气预冷系统、分子筛纯化系统、精馏塔和贮存系统等多个单元包，在相对独立的单元包内完成工艺管道和设备的设计和布置；③ 提出成套空分设备的建议平面布置图和厂房大小。国内部分空分设备供货商已在工厂设计和单元包设计方面做了一些工作，这对整个空分项目的建设是非常有益的尝试。

3.2 主要系统工艺和关键设备

3.2.1 空分工艺流程的发展

3.2.1.1 空分工艺流程介绍

从空气中分离出氧气的方法有以下 4 种：摩尔托克斯法、变压吸附法、薄膜渗透法、低温精馏法，所以空分装置对应的工艺流程亦有 4 种。

(1) 摩尔托克斯工艺

该方法的主要原理是除去 H_2O 和 CO_2 的压缩空气，进入吸附器与熔融的钠和钾硝酸盐和亚硝酸盐接触，氧被吸收，解吸后得到氧。此工艺由于应用较少，在此不做具体介绍。

(2) 变压吸附工艺

① 工艺原理

变压吸附(PSA)工艺是以空气为原料、以分子筛为吸附剂，在一定的压力下,利用空气中氧、氮分子在不同分子筛表面的吸附量的差异,在一定时间内氮(氧)在吸附相富集,氧(氮)在气体相富集,实现氧、氮分离;而卸压后分子筛吸附剂解析再生,循环使用。目前变压吸附制气工艺采用双系列吸附塔,通过顺序控制系统,两塔交替循环吸附、解吸,从而得到连续的氧、氮产品。

② 工艺流程

空气经空压机压缩,通过净化系统清除有害杂质后,进入双系列吸附塔;在吸附塔内,填装的不同种类的吸附剂有针对性地吸附氧(氮)分子,从而使未被吸附的氮(氧)气富集,分离出的氮(氧)产品经过滤器除去固体杂质颗粒,进入产品气体缓冲罐外供。双系列吸附塔,当一组进行吸附工作时,另一组进行降压解吸,释放出吸附剂中吸附的气体以备用。双系列吸附塔交替工作,可实现连续供气。通过改变吸附剂和吸附压力,可获得不同质量等级的氧氮产品。

③ 特点

此工艺不必将空气冷却至低温,设备简单,可以实现自动化,但氧气纯度只有90%左右。

(3) 薄膜渗透工艺(膜分离工艺)

① 工艺原理

膜分离工艺应用的是扩散原理。用一种很薄的有机膜,空气中的氧氮经过有机膜时其渗透能力差别,而使氧氮分离。

② 工艺流程

空气经空压机压缩,通过净化系统清除有害杂质后,进入膜分离器,在膜分离器中,压缩空气在膜两侧压力差作用下,渗透速率相对快的氧气透过膜后,在膜压力较低侧被富集,引出后入氧气产品罐;而渗透速率相对慢的氮气被滞留在膜压力较高侧被富集进入氮气产品罐,而达到空气分离的目的。通过选择不同的透析膜,可获得不同质量的氧、氮产品。

③ 特点

使用这种工艺的设备最简单,但分离得到的氧气纯度只有45%。只适用于炼铁、锅炉中燃烧、养鱼、污水处理等。

(4) 低温精馏工艺

① 工艺原理

低温精馏工艺是传统的低温深冷技术分离工艺,利用液体空气蒸发时氧和氮沸点差别,使氧、氮分离。具体原理是在高压低温下将空气液化,根据空气中氧、氮成分的沸点不同,在精馏塔中,经过精馏传质传热,分离液态空气中的氧、氮成分,从而分离出氧氮产品。

② 工艺流程

空气经空压机压缩，通过分子筛吸附空气中的碳氢化合物，经板翅式换热器换热，通过膨胀机制冷，液化空气在精馏塔中精馏，从而分离出氧、氮、氩产品。根据氧、氮产品的压缩环节不同，低温精馏工艺又分为外压缩流程和内压缩流程。外压缩流程就是空分设备生产低压氧气，然后经氧压机加压至所需压力(≤3.0 MPaG)供给用户。内压缩流程就是取消氧压机，直接从空分装置冷箱内生产出中高压(≥3.0 MPaG)氧气供给用户。该流程与外压缩流程的主要区别在于，产品氧的供氧压力是由液氧在冷箱内经液氧泵加压达到，液氧在高压板翅式换热器与高压空气进行热交换从而汽化复热。

③ 特点

低温精馏工艺产品纯度氧在99.2%以上，氮纯度可达99.99%～99.999%，可同时生产稀有气体。内压缩流程使用液氧泵内压缩后，可防止烃类在冷凝蒸发器内聚集，因此安全性更好，装置也更可靠。

3.2.1.2 大型煤化工空分装置工艺流程的选择

(1) 大型煤化工空分装置的特点

大型煤化工所需的氧气纯度高、压力大且使用量大，这也决定了其空分装置的规模及产品规格。例如一规模为60万 t/a 的甲醇装置，要求使用氧气的纯度为99.6%，压力为8.5 MPa(g)，氧气的需要量在标准状态下为86 000 m^3/h。另外，煤化工也具有一般化工的特点，高温、高压。这决定了煤化工装置要具有高度的可靠性、安全性。同样要求其空分装置也必须具有高度的可靠性、安全性。

(2) 工艺流程的选择

大型煤化工的特点对其所需的空分装置提出了要求，这就要求空分装置的工艺流程必须成熟、可靠，确保空分装置在能满足为主装置供氧的同时安全、可靠、稳定运行。从工艺成熟的角度来看，低温精馏工艺最为传统、最为成熟。可以说低温精馏工艺一直伴随着空分装置的发展。

从大型煤化工所需氧气的产品质量(一般要求纯度≥99.6%)看，只有低温精馏工艺能满足要求。如果所需氧气的压力较低(≤3.0 MPa,g)，则内、外压缩流程皆可，但内压缩流程更为可靠；如果所需氧气的压力较高(≥3.0 MPa,g)，则选择内压缩流程更为安全可靠。如前面提到的60万 t/a 甲醇装置，所需的氧气压力为8.5 MPa(g)，则需选择内压缩流程。

目前大型空分装置一般为大型全低压空分装置且大都为低温精馏工艺内压缩流程。在某种程度上不仅是因为该工艺能满足煤化工主装置对气体产品的质量要求，也是因为内压缩流程能有效地防止碳氢化合物在主冷凝蒸发器中聚集，进而提高了空分装置的安全性、可靠性。

3.2.1.3 空分流程装备的软件工具

(1) Pro/E

Pro/E是美国PTC公司开发的CAD/CAE/CAM软件，自1988年问世以来，已成为全世界最普及的三维CAD/CAM系统。该软件先进的设计理念体现了机械设计自动化(Mechanical Design Automation, MDA)系列软件的最新发展方向，成为提供工业解决方案的有力工具。它已被广泛应用于电子、机械、模具、工业设计、汽车、航空、航天、军工、纺织、家电、玩具等行业。Pro/E可谓是个全方位的三维产品开发软件，集合了零件设计、产品组合、模具开发、NC加工、钣金件设计、铸造设计、造型设计、自动测量、机构仿真、应力分析、产品数据库管理功能于一体，模块众多。

与传统的CAD系统仅提供绘图工具不同，Pro/E提供了一套完整的机械产品解决方案，包括工业设计、机械设计、模具设计、钣金设计、加工制造、机构分析、有限元分析和产品数据库管理，甚至包括了产品生命周期，是多项技术的集成产品。

(2) ASPEN PLUS

ASPEN PLUS化工模拟系统是美国麻省理工学院于20世纪70年代后期研制开发的大型化工模拟软件。ASPEN PLUS因为具有工业上最适用且完备的物性系统，作为计算机辅助性软件能精确模拟出实际化工过程而得到广泛应用。

ASPEN具有以下特点：① 拥有一套完整的单元操作模型，用于模拟各种操作过程，从单个操作单元到整个工艺流程的模拟。② 具有工业上最适用而完备的物性系统，可以回归实际应用中的任何类型的数据，计算任何模型参数。③ 提供流程模拟所需的多种功能，快速而可靠地收敛流程，便于快速准确地进行流程优化计算。④ 作工艺计算的同时进行经济评价，用户能够估算基建费用和操作费用，进行过程的技术经济评价。

利用ASPEN PLUS的图形化建模工具，与传统的煤气化过程计算方法相比，可以实现快速编制模拟煤气化过程的模拟软件，并可将气化过程与整体煤气化联合循环(IGCC)发电系统的优化设计过程整合。利用输入语句和计算模块的灵活性，可以对不同的煤种进行计算。在石油化工中，利用ASPEN PLUS软件对汽油、乙烯裂解汽油、卡宾达原油的常压蒸馏部分进行流程模拟计算，提出上述工业系统的优化方案，作为指导设计和生产实践的基础。

在优化设计过程中，借助ASPEN PLUS软件，对化工生产过程进行模拟，模拟结果与实践生产过程的数据对照分析，发现设备在实际生产运行中存在的问题，从而为设备改进与参数调整提供了理论依据，同时运用模拟结果指导实际生产操作的参数优化，减少了单凭经验调整带来的操作波动及损失，从而节约了运行成本。

(3) CAESARⅡ

CAESARⅡ软件的开发商 COADE 公司成立于 1983 年，总部位于美国休斯敦，专业从事机械工程软件的开发。CAESARⅡ软件主要特点：强大的数据输入和管道建模能力，强大的静态分析能力，较强的动态分析能力。

目前，国内外大部分工程公司均采用 CAESARⅡ管道应力分析软件进行管道应力分析。该软件是由美国 COADE 公司研发的压力管道应力分析国际权威专业软件，它既可以进行静态分析，也可进行动态分析，同时还可以进行压缩机、汽轮机、泵、空冷器和加热炉等特殊设备和机械的管口受力校核。CAESARⅡ向用户提供完备的国际上通用的管道设计规范，软件使用方便快捷。CAESARⅡ软件相对于其他的应力分析软件来说，能更直观地看到输入的图形，在程序运算后可以直观地查看管道在运行工况下的形变趋势。

(4) FLUENT

FLUENT 软件是一种工程运用的计算流体动力学软件，可以计算流场、传热和化学反应。FLUENT 软件能推出多种优化的物理模型，如定常和非定常流动；层流（包括各种非牛顿流模型）；紊流（包括最先进的紊流模型）；不可压缩和可压缩流动；传热；化学反应；等等。对每一种物理问题的流动特点，有适合它的数值解法。

FLUENT 软件的主要应用范围为：① 可压缩与不可压缩流动问题；② 稳态和瞬态流动问题；③ 无黏流、层流及湍流问题；④ 牛顿流体及非牛顿流体；⑤ 对流换热问题（包括自然对流和混合对流）；⑥ 导热与对流换热耦合问题；⑦ 辐射换热计算；⑧ 惯性坐标系和非惯性坐标系下的流动问题模拟；⑨ 多层次移动参考系问题，包括动网格界面和计算动子/静子相互干扰问题的混合面等问题；⑩ 化学组元混合与反应计算，包括燃烧模型和表面凝结反应模型；⑪ 一维风扇、热交换器性能计算；⑫ 两相流问题；⑬ 复杂表面问题中带自由面流动的计算。

(5) ANSYS

ANSYS 是目前世界顶端的有限元商业应用程序，是融结构、流体、电场、磁场、声场分析于一体的大型通用有限元分析软件。它能与多数 CAD 软件接口，实现数据的共享和交换，如 Pro/E、NASTRAN、IDEAS、AutoCAD 等，是现代产品设计中的高级 CAD 工具之一。

ANSYS 的应用可分为国防和民用两大类，主要有汽车、飞机、火车、轮船等运输工具的碰撞分析；金属成型、金属切割；汽车零部件的机械制造；塑料成型、玻璃成型；生物力学；地震工程；消费品、建筑物、高速结构等的安全性分析；点焊、铆焊、螺栓连接;液体—结构相互作用;运输容器设计;内弹道发射对结构的动力响应分析;终点弹道的爆炸驱动和破坏效应分析;军用新材料(包括炸药、复合材料、特种金属等)的研制和动力特性分析;超高速碰撞模拟分析等等。

3.2.2 空分装备

3.2.2.1 空气净化装备

(1) 空气过滤

很多细小颗粒和尘埃很容易随空气进入高速运转的空气压缩机中,颗粒及尘埃对机器的叶片等零部件的寿命造成一定的影响,所以空气过滤器的设置是非常有必要和重要的。使用空气过滤器后,能够得到比较纯净的空气,去掉了空气中的杂尘和杂质。

自洁式过滤器是较为常用的净化过滤装置。通过压缩机用负的压力将四周的空气吸进,然后从过滤筒经过的时候,尘埃和颗粒在过滤筒的外部表面被阻碍滞留,比较洁净的空气通过净气室之后被传送出去。全自动自洁的清洁过程:当控制主机下达指令后,隔膜阀启动,脉冲式的气体被释放,然后经过整流喷出、卷吸、密封、膨胀后,把聚集在滤筒表面的尘埃颗粒去除,自清洁完成。

(2) 空气吸附除杂

空气是由多组分组成的,除氧气、氮气等气体组分外,还有水蒸气、二氧化碳、乙炔及少量的灰尘等杂质。这些杂质随空气进入空压机与空气分离装置中会带来较大危害,固体杂质会磨损空压机运转部件,堵塞冷却器,降低冷却效果;水蒸气和二氧化碳在空气冷却过程中会冻结析出,将堵塞设备及气体管道,致使空分装置无法生产;乙炔进入空分装置后会导致爆炸事故的发生。所以为了保证制氧机的安全运行,清除这些杂质是非常有必要的。

当两相组成一个体系时,其组成在两相界面与相内部是不同的,在两相界面处的成分产生了积聚(浓缩),这种现象称为吸附。它是利用一种多孔性固体表面去吸取气体(或液体)混合物中的某种组分,使该组分从混合物中分离出来。通常把被吸附物含量低于3%,并且是弃之不用的吸附称为吸附净化;若被吸附物含量高于3%,或虽低于3%,但被吸附物是有用而不弃去的吸附称为吸附分离。空气中的水分、二氧化碳等杂质含量都低于3%,并弃去不用,所以这种吸附被称为空气的吸附净化,或吸附纯化。把吸附用的多水性固体称为吸附剂,把被吸附的组分称为吸附质。

由于固体表面力的作用,固体表面与内部性质不同,表面上有未饱和的力,任何物质表面都有这种力——分子的引力作用。在固体表面产生一种“表面力”,但表面力大小不同,吸附的性质也不同。因此,不是任何物质都可以作吸附剂。气体(液体)分子在不停地做不规则运动,每 1 g 分子气体中就有 6.025×10^{23} 个分子。这么多的分子做无规则运动,在吸附剂的里里外外无孔不入,吸附质分子靠近或碰撞吸附剂的表面就被表面力所吸引,拉住不放,使它们积聚(浓缩)在吸附剂的内外表面上,这种现象叫吸附。

吸附剂的吸附能力以吸附容量来表示。吸附容量分为静态吸附容量和动态吸附容量。静态吸附容量是在一定温度和被吸附组分浓度一定的情况下,单位质量或单位体积的吸附剂达到平衡时所能吸附物质的最大量,即吸附剂的吸附容量能达到的最大值(平衡值)。动态吸附容量是吸附剂到达转效点时的吸附值(吸附器内单位吸附剂的平均吸附容量)。由于气体连续流过吸附剂表面,未达饱和就已流走,故动态吸附容量小于静态吸附容量。吸附容量的大小受多种因素的影响,主要有:

① 吸附过程的温度和被吸附组分的分压力(或浓度):吸附容量随吸附质分压力增加而增大,但增大到一定程度以后,吸附容量大体上与分压力无关。吸附容量随吸附温度的降低而增大,所以应尽量降低吸附温度;同时,温度降低,饱和水分含量也相应减少,有利于吸附器的正常工作。

② 气体流速:流速越高,吸附效果越差,吸附剂的动态吸附容量越小。流速不仅影响吸附速度,而且影响气体的干燥程度。

③ 气体湿度:分子筛对相对湿度较低的气体干燥能力较大。与活性氧化铝和硅胶相比,在相对湿度较低时,分子筛对水分仍然具有良好的吸附能力。

④ 吸附剂再生完善程度:吸附剂解吸再生越彻底,吸附容量就越大,反之越小。而再生的程度既与再生温度有关(应在吸附剂热稳定性温度允许的范围内),也与再生气体中含有多少吸附质有关。

(3) 吸附剂的再生

为使吸附质从吸附剂表面上解脱出来,从而使吸附剂恢复吸附能力称为解吸(或称再生)。在吸附质与吸附剂充分接触后,终将达到平衡,被吸附的量达到最大值(即饱和)。动平衡是指吸附与解吸的吸附质,分子数相等,处于平衡状态,此时吸附剂失去吸附能力。吸附和解吸事实上是同时进行的,只不过未达饱和前吸附的量大于解析的量。

吸附剂被吸附质饱和以后就失去吸附能力,应当进行再生,把所吸附的水分、乙炔和二氧化碳等吸附质赶走,然后再继续使用。再生是吸附的逆过程——解吸过程。再生是利用吸附温度越高吸附容量越小的特性进行的。因为气体温度升高,分子动能增大,吸附剂拉不住吸附质时,吸附质就跑掉了。吸附剂的再生温度应该是对于吸附质的吸附容量等于零时的温度,称为完全再生。吸附剂的再生方法有两种:

第一种，利用吸附剂高温时吸附容量降低的原理，把加温气体通入吸附剂层，使吸附剂温度升高，被吸附组分解吸，然后被加温气体带出吸附器。再生温度越高，解吸越彻底。这种再生的方法叫加温再生或热交变再生，是最常用的方法。再生气体用干燥氮气较好。

第二种，再生时，降低吸附器内的压力，甚至抽成真空，使被吸附分子的分压力降低，分子浓度减小，则吸附在吸附剂表面的分子数目也相应减小，达到再生的目的，这种再生的方法叫降压再生或压力交变再生。

(4) 吸附剂

一切固体都有吸附能力，但并不都是吸附剂。吸附剂必须具备适当的表面结构、表面积、孔径的大小和分布，使其具有很强的吸附力。

空分设备中为净化空气常用的吸附剂有活性氧化铝、分子筛。

① 活性氧化铝：活性氧化铝是用碱从铝盐溶液中沉淀出水合氧化铝，然后经过老化、洗涤、胶溶、干燥和成形得到氢氧化铝，再经脱水而得到氧化铝。其化学式为 Al_2O_3，呈白色，具有较好的化学稳定性和机械强度。

现在使用的氧化铝是以三水铝石为原料，经过干燥、高温快速脱水，然后经再水化和活化等制备工艺制取的新干燥剂。新产品具有抗压强度高、磨耗低、不粉化、不爆裂等独特的优点，抗冷、热的突变性也很强，在极恶劣的工作条件下，也能承担吸附作用。

② 分子筛：分子筛是人工合成的泡沸石，由硅铝酸盐的晶体组成，呈白色粉末，加入黏结剂后可抗挤压成条状、片状和球状。分子筛无毒、无味、无腐蚀性，不溶于有机溶剂，但能溶于强酸和强碱。分子筛经加热失去结晶水，晶体内形成许多孔穴，其孔径大小与气体分子直径相近，且非常均匀。它能把小于孔径的分子吸进孔隙内，把大于孔隙的分子挡在孔隙外。因此，它可以根据分子的大小，把各种组分分离，“分子筛”亦由此得名。

分子筛作为吸附剂有下列特点：

a. 有极强的吸附选择性：由于其孔径大小均匀，只能吸附小于其孔径的分子而不能吸附大于其孔径的分子，被吸附的分子大小越接近孔径，它与碳原子之间相互吸引力就越大，发生的吸附就越稳定。

b. 在气体组分浓度低(分压低)的情况下，具有较大的吸附能力。这是因为沸石分子筛的比表面积大于一般吸附剂，其比表面积达 800～1 000 m^2/g。

3.2.2.2 空气透平压缩机

空气透平压缩机通过叶轮对气体做功，在叶轮和扩压器的流道内用离心升压作用和降速扩压作用，将机械能转换化为气体压力能。

(1) 压缩机组结构

压缩机通过平行轴增速器由同步电机驱动,与增速器之间用弹性联轴器连接,增速器与压缩机间用齿式联轴器连接,同时还设有供油装置和配套的管路。

① 压缩机:由静止元件(包括机壳、隔板、密封器等)、转子、轴承、进口导叶装置、中间冷却器等组成。

a. 机壳用铸铁浇铸而成,采用水平剖分结构,分为上下机壳,其间用定位锥销定位,双头螺栓连接。轴承箱座与下机壳铸成一体,在下机壳两端的轴承箱座部位设有进油孔和排油孔,低压端轴承座与底座固定连接,高压端轴承座与底座通过导向块滑动连接,以适应机壳轴向热膨胀需要。

b. 在相邻两级叶轮之间均设有隔板,本机共有四只隔板,即一、二级隔板;三、四级隔板;中间隔板和四、五级隔板,均采用铸铁材料,为水平剖分型。一、二级隔板内装有进口导叶装置,四、五级隔板组合成一体。

c. 密封器的作用是防止气体在级间倒流及向外泄漏,因此有级间密封、轮盖密封、平衡轴套密封及轴端密封,轴承附近还设有油密封,防止润滑油(气)外溢,采用迷宫式密封。

d. 转子是压缩机的主要部件,它由主轴、叶轮、平衡轴套、止推盘、连接齿轮、轴套等组成。

e. 叶轮为多级,均为单吸式,四、五级叶轮和一、二、三级叶轮背向设置,以平衡部分轴向力和减少部分外漏。

f. 平衡轴套平衡掉大部分轴向力,剩余的轴向力由止推盘作用在止推轴承上,实现轴向力的平衡。

g. 压缩机在低压端装有径向轴承和止推轴承各一副,在高压端装有径向轴承一副。径向轴承是可倾瓦块式,由 5 个瓦块轴向均布,止推轴承带有油量控制环,在推力盘的每侧装有止推块。

h. 进口导叶装置是用来控制压缩机的空气量,其流量的调节可通过调整导流叶片的安装角度来实现。

i. 中间冷却器分别置于下机壳两侧,其中一台冷却器内装一、三级两个冷却芯子,另一台内装有二、四级冷却芯子。

② 增速器:采用 PC560—3600/5.57—Ⅵ型,由箱体、联轴器、滑动轴承及传动齿轮副组成。

③ 电动机:采用异步电动机。

④ 供油装置:是空气压缩机的配套部机,是对主机强制润滑和冷却的透平油的循环再生装置。由油箱、高位油箱、油泵、油冷却器、油过滤器、排烟风机和油气分离器组成。除两台油冷却器和高位油箱外,其余各部机均以油箱为底座

装成一体。

(2) 压缩机组技术参数

① 压缩机技术参数:流量、排气温度、排气压力、进气温度、进气压力、冷却水温度。

② 增速器技术参数:传动功率、中心距、转速、齿轮数。

③ 电动机技术参数:电压、功率、转向、电流、转速。

④ 供油装置技术参数:介质、进油温度、油泵出口最高压力、流量、出油温度。

(3) 空气透平压缩机的日常维护和检修

① 机组日常维护检查

机组运转时应定时用听棒倾听机组内运转的声音,应无异音。注意机组的各轴承温度不应超过温度上限,需要关注机组振动是否正常,检测振动量和轴位移。油箱油位在距油箱底面 0.65 m 处,保持一定的供油压力,每半年检查一次润滑油的质量,每两年更换一次润滑油。需要定期检查和清洗油过滤器,如果油过滤器前后压差超过 0.05 MPa 时应及时更换油过滤芯子。定期检查防喘振装置和出口管道止回阀的三通电磁阀座切换是否灵活。

② 机组检修

压缩机、增速器及一切辅助设备,必须进行定期检查,其检查周期可视设备的运转情况和操作条件而定,其检修内容包括:

a. 叶轮是传递能量的关键部件,必须仔细地检查轮盘、轮盖是否有裂纹、变形等缺陷。叶轮流道内部是否清洁,叶轮与主轴是否发生松动和歪斜现象。

b. 检查转子主轴颈及止推面的磨损情况,转子有关部位的径向和轴向跳动不应超过规定范围。

c. 检查压缩机、增速机各轴承的轴衬和止推块的磨损情况,必要时加以修复或更换新的轴承。

d. 仔细检查增速器各部分的情况,特别是各齿轮的磨损和接触情况及有关间隙,并进行调整。

e. 检查各气封和油封的密封片有无损坏,若损坏时应予以更换并保证间隙。

f. 检查各气体冷却器和油冷却器的清洁情况,必要时进行清洗,保证不漏。

g. 检查齿式联轴器的接触磨损情况。

h. 检查机组出口止回阀和气体管路系统中的其他阀门启动是否灵活,无卡死、不能关闭等现象,其中调解阀还要反应灵敏、动作准确。

i. 检查机组供油装置情况,对油泵进口过滤器和油过滤器的滤芯要清洗,油箱的油应取样化验并将油箱底部积存的水分放出。

j. 检查仪控系统和电控系统是否正常。

3.2.2.3 故障分析、判断和处理

(1) 供油装置供油压力下降

① 在用油泵故障。处理方法:在用油泵故障时,自动启动备有油泵,备用油泵也故障,且另一台油泵未修复,机组紧急停车。

拆开检查发生故障的油泵,滑动轴承严重磨损或损坏应修正或更换新的轴;齿轮齿面严重磨损或拉毛应修复或更换新的齿轮;溢流阀回漏应检查研磨密封锥面或检查弹簧是否损坏或弹力不足,应更换新的弹簧;动环或静环接触不良应拆下研磨两平面或更换新的。

② 供油管路漏油。处理方法:检查供油管路密封面,消除漏油现象。

③ 油过滤器及油冷却器阻力大。处理方法:油过滤器阻力大时,清洗或更换新的滤芯,停车时根据具体情况清洗冷却器。

④ 油泵吸油管阻力大或漏气。处理方法:检查和清洗油泵进口过滤器,并消除吸油管可能有漏气的现象。

⑤ 油箱油面过低。处理方法:油箱油面过低时应补充加油。检查油泵出口阀和供油装置出口阀是否全开,供油装置旁通阀开度是否过大。

(2) 供油装置供油温度升高

故障原因分析及处理方法:① 油冷却器水量不足,可以增大油冷却器冷却水量。② 供油管路中混有气体,需要放出供油管路中可能存在的气体(可微开油冷却器、油过滤器上部放气旋塞。③ 油冷却器传热效果不好,可以清洗油冷却器。④ 电加热器未切除,应切除电加热器。

(3) 轴承温度升高

原因分析及处理方法:① 轴承已损坏,更换新的轴承。② 供油温度高,以降低油温。③ 供油量少或油压偏低,增大供油量或提高油压。④ 轴承间隙太小或接触不好,可以停车后修刮轴承到符合要求。⑤ 压缩机振动过大,消除导致压缩机振动大的原因。⑥ 油质不良,可以化验润滑油。如质量不符合要求,特别是油中混有水及氧化物,应予以更换。

(4) 机组振动大,声音异常

原因分析及处理方法:① 压缩机进入喘振区,需要改变操作工况,使压缩机离开喘振区。② 转子和定子元件碰擦或咬住,应该停车检修,消除转子和静止元件的碰擦及咬住现象。③ 机组部机间同心度已破坏,可以调整机组部机间的同心度和张口符合设计要求。④ 由于转子变形、叶轮磨损等引起转子动平衡破坏,应该修正转子,重校转子动平衡符合要求,甚至更换转子。⑤ 轴承间隙太大或轴承压盖松动，需要更换新的轴承或轴承浇铸锡锑轴承合金并修刮到规定要求；检查轴承压盖是否松动，保证轴承预紧力。⑥ 供油系统的油量、油压、油温不适当，可以检查并调整供油系统的油量、油压、油温到规定范围。

(5) 压缩机转子轴位移大

原因分析及处理方法：① 止推轴承过度磨损或烧坏，停机修理或更换轴承。② 轴承压盖松动，轴向垫块磨损，检查轴承压盖是否松动，轴向垫块是否磨损。③ 实际运行工况过分偏离规定的操作点，按规定的操作点操作。

(6) 增速器及压缩机漏油

原因分析及处理方法：① 排烟风机运转不正常或停转，检修并调整排烟风机。定期微开排烟风机底部的螺塞，以排净风机蜗壳内的积油。② 油箱的排烟管路有污物积聚，排烟不畅通，清洗或清理油箱的排烟管路。清洗或更换油气分离器中的不锈钢丝网。③ 密封器泄漏，检查并修复漏油处的油密封器或更换。

3.2.2.4 氧气透平压缩机

(1) 氧气透平压缩机结构

① 高、低压氧气压缩机

低压缸由六级组成，每两级冷却一次，分三段。高压缸由四级组成，每两级冷却一次，分为两段。

a. 低压缸采用铸铁机壳，高压缸采用铸钢机壳，水平剖分结构。其密封面禁止使用液体密封胶。轴承箱水平剖分，下半轴承箱与机壳连成一体，上半轴承箱为铸铁件，下半轴承有进油孔和排油孔，在止推侧的底脚处有键，用以使压缩机定中心而允许轴向膨胀。

b. 转子主轴由不锈钢锻件加工而成，叶轮采用闭式焊接结构，热套并紧箍在轴上。叶轮由轮盖、叶片、轮盘组成。平衡盘是为了减少轴向推力。

c. 隔板用来组成压缩机内的氧气流道，分为进气隔板、中间隔板和排气隔板。进气隔板把氧气导入第一只叶轮的进口，中间隔板（扩压器）有效地把叶轮出口处气流的动能转变为压力，也把氧气导入下级叶轮的进口。隔板与机壳一样，与氧气接触的表面镀铜。

d. 径向轴承是可倾瓦块式，由 5 个瓦块轴向均布，止推轴承带有油量控制环，在推力盘的每侧装有止推块。

e. 密封器装在压缩机机壳内，转子从密封器的内孔穿过，口环密封器装在每个叶轮的进口处，级间密封装在级和级之间，阻止氧气沿着轴向漏向上一级去。低压缸密封器由黄铜制成，高压缸的密封器本体由铸造锡青铜制造，而密封片由铜镍合金制造。

f. 联轴器用于传递原动机与被驱动设备之间的扭矩。木机组电机与低压增速器间采用齿式联轴器，增速器与压缩机间采用 BENDIX 型膜片联轴器。膜片式联轴器由三个部件组成，即两个带法兰的轮毂及一个挠性部件。

g. 底座有三件：第一件是用在低压缸增速机与低压缸进口端的公共底座；第二件是低压缸高压端、高压缸增速器及高压缸进口端的底座；第三件是用在高压缸出口端。

h. 压缩机配有中间冷却器及末端冷却器，为水冷、列管、卧式。壳程通水，管程通气，芯子由铜质光管制成。水侧为多程，氧气侧为单程。

② 增速器由箱体、联轴器、滑动轴承及传动齿轮副组成。

③ 电机采用异步感应电动机。供油装置是空气压缩机的配套部机，是对主机强制润滑和冷却的透平油的循环再生装置。由油箱、高位油箱、油泵、油冷却器、油过滤器、排烟风机和油气分离器组成。除两台油冷却器和高位油箱外，其余各部机均以油箱为底座装成一体。

(2) 技术参数

① 压缩机技术参数：流量、排气压力、排气温度、低压缸轴振动、进气压力、进气温度、冷却水温度、高压缸轴振动。

② 增速器技术参数：传动功率、转速、速比、供油压力、供油量。

③ 电动机技术参数：电压、频率、功率、转速、级数、转向。

④ 供油装置技术参数：介质、流量、进油温度、出油温度、供油压力。

(3) 氧气透平压缩机的日常维护和检修

① 机组日常维护

主要关注以下问题：a. 机组运转时应定时用听棒倾听机组内运转的声音，应无疑音；b. 注意机组的各轴承温度不应超过温度上限；c. 机组振动正常；d. 轴位移；e. 保持一定的供油压力，油箱油位在距油箱底面 0.65 m 处，保持油箱的真空度；f. 每半年检查一次润滑油的质量，每两年更换一次润滑油；g. 定期检查和清洗油过滤器和油冷却器，如果油过滤器前后压差超过 0.05 MPa 时应及时更换油过滤器芯子；h. 油泵的轴承温度、润滑油压、润滑油温；i. 各级冷却器的排气温度。

② 氧气透平压缩机组维修内容参照空气透平压缩机维修内容。

(4) 故障分析、判断和处理

① 轴承工作面损坏

a. 供油：油量不足，油变质，闪点不合格，不是规定的油，油温异常上升，油膜建立不佳。

b. 轴振动过大：旋转部件不对中，油膜涡动，油膜振荡。

c. 运转过程：轴承间隙过小，瓦背间隙过大，瓦块装错，混入杂质，管道堵塞,管道接错,轴振动及弯曲,轴向振动过大。

② 齿面啮合不良

a. 齿轮精度:齿廓不正确,齿距误差太大。

b. 装配:轴平行度不合格,轴衬修整不符合要求。

c. 运行:由于供油不足或油污浊和油中混有铁锈等杂质引起的轴衬损坏,轴振动过大。

d. 齿轮箱变形:由于基础下沉或凸起造成基础不良,热膨胀受约束。

③ 中间冷却器漏水

a. 腐蚀与磨损:涂料不适当,排污水污染了冷却水,腐蚀性气体污染了冷却水。

b. 破裂:管子固定不妥,冷却水压力高于设计值,冷却器芯子浮动填料环。

c. 操作:管没胀紧引起管与翅片间腐蚀,法兰面加工不平整和垫片破裂引起的法兰面连接不良,垫片材料不合格。

3.2.2.5 增压透平膨胀机

(1) 增压透平膨胀机结构

透平膨胀机是一种旋转式制冷机械,它由蜗壳、导流器、工作轮和扩压器等主要部分组成。当经过增压机增压后具有一定压力的气体进入膨胀窝壳后,被均匀分配到导流器中,导流器上装有喷嘴叶片。气体在喷嘴中将气体的热力学能转换成流动的动能,气体的压力和焓降低。当高速的气流冲到叶轮的叶片上时,推动叶轮旋转并对外做功,将气体的动能转换成机械能。通过转子轴带动增压机对外输出功,输出外功是靠消耗了气体内部的能量,也就是从气体内部取走了一部分能量,也就是通常所说的制冷重。透平膨胀机具有占地面积小、结构简单、气流无脉动、振动小、无机械磨损件、连续工作周期长、操作维护方便、工质不污染、调节性能好和效率高等特点。

机组由带保冷箱及底架的透平膨胀机、供油装置、增压机、增压机出口气体冷却器、增压机进口气体过滤器几部分组成。除气体冷却器和增压机进口气体过滤器及增压机进出口阀门外都装在一公用底架上成一整体。

① 膨胀机

气体由进气管进入蜗壳,经喷嘴叶片通道进入工作轮并做机械功,然后经扩压室排出。

a. 膨胀机蜗壳为铸铝结构,直接固定在底架上并支承膨胀机主机及增压机,蜗壳内容纳了膨胀机叶轮和喷嘴环。在排气侧有一压圈,借助一弹性压紧机构面压在喷嘴叶片上,使喷嘴叶片的端面没有间隙。

b. 膨胀机轴安装在两只套筒式轴承中,它的一端装有膨胀机叶轮,另一端装有增压机轮，组成一刚性转子。

c. 膨胀机叶轮为径轴流反动式闭式叶轮，增压机叶轮采用闭式叶轮，两轮均为锻铝数控铣制而成。

d. 轴承为三油叶径向和止推轴承，轴承的排油经回油管回入油箱，轴承温度用铂电阻温度计测量。

e. 在膨胀机排气侧，为防止喷嘴与工作轮间的气体不经工作轮而直接泄入扩压室，在工作轮出口端盖上设置了台阶式密封，同时在工作轮背面，为防止低温带压气体向外泄漏，设置了石墨衬料迷宫式轴封。为了控制气体的泄漏，必须向轴封中通入密封气，密封气压力比间隙压力高 40 kPa 左右，以防止气体在轴封中发生窜漏。另外，增压机进口端叶轮轮盖上设置了台阶式密封，同时在增压机叶轮背面也设置了石墨衬料迷宫式轴封，并通入 200 kPa 表压的密封气体。

② 增压机由进气接管、增压轮、无叶扩压器和蜗壳组成，增压轮和膨胀机叶轮装在同一主轴上构成转子。其所需功率由膨胀机提供，气体轴向吸入并在增压机叶轮内加速，压力增高，使得气体流经扩压流道后，将动能转变为势能。随后气体汇集出增压机蜗壳，经气体冷却器、主换热器冷却后以膨胀机进口要求之压力和温度进入膨胀机膨胀。

增压机蜗壳为铸铁结构，与机壳相连接，而增压机进气接管和出气管连接在它上面，蜗壳内容纳了增压机叶轮和端盖、密封器，端盖与蜗壳形成了扩压流道以汇集气体，并将气体的速度能转化为压力能增加气体的压力。

③ 润滑油自油箱由油泵输入进油管；经油冷却器和切换式滤油箱分配到各润滑点，再经回油管回到油箱。另外设有一油压容器，油泵开动时自行充油用以保证在油压降低联锁停车时具有必要润滑。压力油箱上设置有充气阀，当压力油箱上油面液位超过最高液位时，可通过充气阀充入空气或氮气，使液面保持在最高液位与最低液位之间，通过油泵安全阀可以调整油压。

④ 膨胀机流量调节是通过一气动薄膜执行机构改变喷嘴角度来实现的。

⑤ 快速安全关闭。

在膨胀机进口处设置一紧急切断阀，其目的是在膨胀机处于危险状态时，能在很短时间(1 s)内切断气源使其快速停车，起到安全保护作用。在事故情况下，切断电磁阀电源，冲入紧急切断阀的空气通过两快速排气阀泄至大气，在弹簧力的作用下，阀门快速关闭。与此同时增压机回流阀自动全开，以防止增压机喘振。

⑥ 增压机出口气体冷却器

用 8 ℃低温水冷却增压机出口高温气体以达到空分流程的要求。

⑦ 增压机回流阀

作用:压力调节;防喘振;当进行密封器跑合时,由于转速低,轴承难形成油膜,为了减小止推轴承负荷,增压机应从大气吸气,因此压力空气可以经该阀旁通而到达膨胀机。

(2) 主要技术参数

① 膨胀机

主要参数有:进口压力、出口压力、流量、调节范围、进口温度、间隙压力、转速。

② 增压机

主要参数有:进口压力、出口压力、流量、进口温度、出口温度。

③ 油冷却器

主要参数有:进油温度、出油温度、进水温度、回水温度。

④ 油泵

主要参数有:流量、压力、电机功率、转速、电压。

⑤ 仪控整定值

主要参数有:供油压力、膨胀机端密封气与间隙差压、滤油器最大阻力、润滑油进轴承温度、增压机密封气压力。

(3) 膨胀机日常维护和检修

① 日常维护

a. 每 2 h 检查膨胀机进出口温度,增压机出口温度。b. 膨胀机进出口压力与间隙压力,增压机进出口压力。c. 轴承温度。d. 轴承进口油温、油压。e. 密封气压力。f. 每天检查油箱油面。g. 每天检查所有管道的严密性。h. 定期检查和每次开车停车后检查。i. 每 2 月检查油的润滑性能。j. 每 2 月检查油过滤器的清洁度。k. 每年对膨胀机进行彻底检查:检查喷嘴叶片的腐蚀和凹坑;膨胀机叶轮叶片的腐蚀和凹坑;膨胀机与增压机叶轮密封的磨损;轴密封磨损,半径间隙为 0.05 mm,当增大到 0.1 mm 时更换;轴承磨损更换轴承;增压机叶轮的磨损腐蚀;油冷却器清洗;油过滤器更换滤芯。

② 检修

拆卸膨胀机内部零件的步骤为:先拆去增压机进出口接管,然后拆去油管,密封气管及仪表接线管,拆去增压机端盖,用专用工具从轴上拆下增压机叶轮,再拆下增压机蜗壳。整套膨胀机芯子就可以用专用工具从膨胀机蜗壳中拆卸出来;然后从膨胀机芯子上拆下扩压室和喷嘴压紧机构,拆下叶轮螺钉后,就可以用特殊工具从轴上拆下膨胀机叶轮。接着再拆喷嘴环,拆卸中间法兰、轴密封、挡油圈及测速传感器接头;随后再从增压机侧拆卸,先拆下外密封器和挡油圈,用支紧螺钉将外轴承顶出,然后将主轴连同外轴承等一并抽出来,再拆下内轴承。

(4) 膨胀机故障分析、判断和处理

① 轴承温度太高。检查供油不足，提高供油压力。供油不清洁(油过滤器堵塞)，可以清洗油过滤器，过滤润滑油。旋转部件不平衡，开展调整平衡工作。

② 内轴承温度太低，会使轴承间隙太小影响正常运行，严重时会引起润滑油固化。轴密封间隙太大，需要更换密封。停车时装置冷气的窜流，可以启动油泵加温轴承。

③ 膨胀机带液，容易打坏喷嘴环和叶轮，同时叶轮起了泵的作用，使间隙压力增高，加重了止推轴承的负荷，可能引起轴承等零件的损坏，可以控制旁通量，控制环流和中抽温度，并控制下塔液空面来控制机前温度和机前带液。

3.2.2.6 冷却塔

空气预冷系统是被用于降温的，在空分装置设备中，主要目的是降低空气的实际温度以及空气中的水分。使用空气预冷系统之后，能够有效保障空分装置设备较长时间的安全运行，尤其是在夏季，温度比较高的时候。

预冷系统设置在空气压缩机与纯化器之间，由空气冷却塔、水冷塔、螺杆式冷水机组、氨冷器及多级离心式水泵组成，起到降低进纯化器空气温度、减少空气中的含水量、提高分子筛的吸附值的作用。同时，经水洗的空气可去除某些可溶性有害物质，如 NH_3、SO_2、NO_2、Cl_2、HCl 等，也可除去空气中部分固体颗粒。

(1) 空气冷却塔的结构

空气冷却塔是立式圆柱形气液直接接触散堆填料塔，塔内填料分两段。下段又分两层，下层为不锈钢鲍尔环，上层为增强型聚丙烯鲍尔环。上段为增强型聚丙烯鲍尔环。上段冷冻水、下段冷却水，均由上往下喷淋洗涤。从空压机来的高温空气由下往上流动，分别被冷却水、冷冻水冷却降温；顶部装有高效防带水分配器和高效丝网除沫器，以减少空气中的含水量和防止带水至分子筛系统。

(2) 水冷塔的结构

水冷塔是立式圆柱形气液直接接触散堆填料塔，塔内装有聚丙烯鲍尔环(非增强型)散堆填料、格栅、水分配器和除雾器等内件；从冷箱过来的污氮气在塔内自下而上流动，冷冻水、冷却水从上往下喷淋溢流，利用污氮的干燥度和潜热将循环水冷温。

(3) 水冷机组

螺杆式水冷机组是以氟利昂 R-22 为制冷剂、水为载冷剂，提供 8～10 ℃冷冻水的成套制冷设备，机组配有高效率的换热器，具有体积小、重量轻、制冷剂充灌量小等特点。该机组由螺杆氟利昂压缩机、油分离器、冷凝器、蒸发器、干燥过滤器、机架及仪控系统组成。螺杆机组安全装置有：压力继电器的超高、过低停车保护；温度控制器的超高、过低停车保护；时间继电器的延时停机保护；热继电器的电机过载保护等。

(4) 氨蒸发器

氨蒸发器是采用液氨作为制冷剂来进行吸热制冷，通过控制液氨的蒸发压力和蒸发温度，对冷却水进行降温。蒸发的气氨送至合成装置的氨压缩机进行循环压缩。氨蒸发器必须保证液氨的温度和蒸发压力，避免温度过低导致氨蒸发器冷却水结冰。

3.2.2.7 精馏塔

(1) 气体分离方法

气体分离方法大体上有以下几种：

精馏：先将气体混合物冷凝为液体，然后再按各组分蒸发温度的不同将它们分离。精馏方法适用于被分离组分沸点相近的场合，如氧和氮的分离、氢和重氢的分离等。

分凝：它也是利用各组分沸点的差异进行气体分离。但和精馏不同的是不需将全部组分冷凝。分凝法适用于被分离组分沸点相差较大的场合，如从焦炉气及水煤气中分离氢、从天然气中提取氦等。

吸收法：用液态吸收剂在适当的温度、压力下吸收气体混合物中的某些组分，以达到气体分离的目的。吸收过程根据其吸收机理不同可分为物理吸收和化学吸收。

吸附法：用多孔性固体吸附剂处理气体混合物，使其中所含的多种组分被吸附于固体表面以达到气体分离的目的。吸附分离过程有的需在低温下进行，有的可在常温下完成。

薄膜渗透法：是利用高分子聚合物薄膜的渗透选择性从气体混合物中将某种组分分离出来的一种方法。这种分离过程不需要发生相变，不需低温，并且有设备简单、操作方便等特点。

空气分离目前主要采用低温精馏方法，原因是它不仅生产成本低、技术成熟，而且适合大规模工业化生产。

(2) 空气精馏过程

从部分蒸发和部分冷凝的特点可看出，两过程可以分别得到高纯度的氧和高纯度的氮，但不能同时获得。而且两个过程刚好相反：部分蒸发需外界供给热量，部分冷凝则要向外界放出热量；部分蒸发不断地向外释放蒸气，如欲获得大量高纯度液氧，则需要相应地补充液体，而部分冷凝则是连续地放出冷凝液，如欲获得大量高纯度气氮，则需要相应地补充气体。如果将部分冷凝和部分蒸发结合起来，则可相互补充，并同时获得高纯度的氧和氮。

氧和氮无论是在气态还是在液态都能以任何比例均匀地混合在一起。在一定的压力下，当氧、氮混合气冷凝时，由于氧的冷凝温度高，氮的冷凝温度低，因此，氧比较容易凝结成液体。在冷凝过程中蒸气中的氧含量逐渐降低，氮含量增加，冷凝温度也随之下降，直至气体全部冷凝为液体。在一定压力下蒸发液态空气时则相反，低沸点的氮组分先蒸发，使液体中高沸点组分氧的含量增加，蒸发温度也随之升高，一直到蒸发结束。

如果处在冷凝温度时的空气，穿过比它温度低的氧、氮组成的液体层时，则气、液之间由于温度差的存在，要进行热交换。温度低的液体吸收热量开始蒸发，其中氮组分首先蒸发；温度较高的气体冷凝，放出冷凝热。气体冷凝时，首先冷凝氧组分。该过程一直进行到气相和液相的温度相等为止，也即气、液处于平衡状态。这时，液相由于蒸发，使氮组分减少，同时由于气相冷凝的氧也进入液相，因此液相的氧含量增加；同样气相由于冷凝，使氧组分减少，同时由于液相蒸发的氮进入气相，因此气相的氮含量增加。多次地重复上述过程，气相的氮含量就不断增加，液相的氧含量也不断地增加。这样经过多次的蒸发与冷凝就能够完成整个精馏过程，从而将空气中的氧和氮分离开来。

(3) 分馏塔结构

分馏塔主要由上塔、下塔、主换热器、冷凝蒸发器、过冷器、管道及塔板组成。

① 上塔：在上塔连接的主要有氮气出口、液氮进口、污氮出口、液空蒸气进口、膨胀空气进口、液体馏分进口和出口等管道。

② 下塔：与下塔连接的主要有空气进下塔、液空排放、液空出口和安全阀接管等管道。

③ 主换热器：分馏塔的换热器为板翅式可逆换热器。板翅式换热器由隔板、翅片、封条三部分组成。在相邻两隔板之间放置翅片及封条，组成一通道。翅片的结构有光直形翅片、锯齿形翅片和多孔形翅片等几种。在空分装置中主换热器不仅承担冷却加工空气同时使返流气体复热的任务，而且还要承担自清除任务，清除沉积在翅片上的水分和二氧化碳。

④ 冷凝蒸发器：联系上、下塔的重要设备，用于液氧和气氮之间进行热交换。

⑤ 过冷器：主要是氮气、污氮、液空和液氮进行换热的设备。

(4) 分馏塔技术参数及日常维护

① 技术参数

技术参数主要有：最高工作压力；设计温度；几何容积；工作介质。

② 日常维护

a. 每天应分析主冷液氧中乙炔的含量，一般小于 0.01×10^{-6}。

b. 当产品氧气纯度下降时，应分析液氧和气氧的纯度差，以判断主冷是否串漏，当纯度差大于0.5%就有串漏的可能。

c. 常检查各塔阻力，以判断有无串气、漏液或塔板堵塞、液泛等现象。分析污氮含氧量，以判断塔的分离效率。

d. 对下沉的分子筛要及时添加，注意吸附器床面的扒平。经过长期运转，分子筛吸附能力下降或严重破碎，需要重新更换分子筛。

e. 经常检查空气冷却塔仪表是否牢靠，防止带水，确保分子筛吸附器和分馏塔的安全。

f. 空冷塔出气温度偏高时，经常检查水过滤器有无堵塞。

g. 在正常情况下空冷塔带水，应检查空冷塔内水分配器上的小孔是否被水中杂质所堵塞。

h. 经常检查阀门阀杆、填料有无泄漏并每月擦洗阀杆一次。

i. 定期检查安全阀密封口有无结冰和锈蚀现象。

j. 仪控和测量管线应加以特别维护，当二次仪表显示偏离正常值时，就检查管线有无堵塞并及时处理。

k. 电加热器投运一定要先通气后送电，以免烧坏电气元件，应定期检查绝缘情况。

(5) 分馏塔故障分析、判断及处理

① 主换热器阻力过大及堵塞原因

a. 空气带水冻结堵塞，可以检查空冷塔、停车加温解冻。

b. 环流或中抽量过少，需要增加环流或中抽量。

c. 中部温差过大，需要调整中抽量。

d. 偏流，应调整各单元气量分配。

② 冷凝蒸发器泄漏原因

a. 冷凝蒸发器 C_2H_2 造成微爆，应该停车、查漏、检修。

b. 加温不彻底，死角存水冻结，通道或管子胀裂，需要彻底加温解冻。

③ 主冷有液面，但工作不正常，出现了阀故障，应停车检查阀碟片与轴杆间的固定螺栓松动情况。

④ 液氧液面变化较大，基础温度突降，表明液氧管道有泄漏，应停车，查漏。

⑤ 上塔没有阻力，主冷液面不断下降，产生阀故障开关不灵或泄漏，需要停车检修。

3.2.2.8 传热设备

化工生产中的化学反应过程，通常要求在一定的温度下进行，为此必须适时地输入或输出热量。此外，在蒸发、蒸馏、干燥等单元操作中，也都需要按一定的速率输入或输出热量。在这类情况下，通常需使其传热良好。还有另一种情况，如高温或低温下操作的管道或设备，则要求保温，以减少它们和外界的传热。至于热量的合理利用和废热的回收，也是十分重要的问题。这些都与热量传递（简称传热）有关。总之，传热是化工过程中最常见的单元操作之一，了解和掌握传热的基本规律，在化学规程中具有很重要的意义。

在工业生产中和日常生活上，有各种热传递现象，如加热或冷却某种流体，液体的沸腾和气体的冷凝等。人们把许多实践经验加以总结，得出了这样的结论：凡是不同物体之间或同一物体不同部分存在温度差（即 $t_1-t_2>0$），就一定有热量传递，而热量传递总是自动地由高温物体传向低温物体。如煤的燃烧使水沸腾，空调使房间空气变得凉快（或暖和），凉水塔水的冷却等等。

（1）换热器分类

工业上将凡是热量由热流体传给冷流体的设备称作热交换器，简称换热器。热交换器的分类有很多种方法。如按照使用目的分，可分为冷却器、加热器、蒸发器、冷凝器等等；按结构分，可分为管壳式换热器（它又分为列管式、盘管式、套管式）和板式换热器（它又分为板翅式、板叶式、螺旋板式）；按材料分，可分为金属换热器（它又分为钢、铝、铜等）和非金属换热器（它又分为玻璃、陶瓷、塑料、石墨等）。空分设备换热器按工作原理可分为：间壁式换热器、蓄热式换热器和混合式换热器三类。

① 间壁式换热器：冷、热流体互不接触，两流体通过间壁（传热面）进行热交换。此类换热器有主换热器、冷凝蒸发器、压缩机级间冷却器等。

② 蓄热式换热器：冷、热流体在一定时间间隔内，交替通过具有足够热容的填料（卵石、金属丝等）进行热量传递。如石头蓄冷器、丝网蓄冷器等。

③ 混合式换热器：冷、热流体通过直接接触和相互混合来进行热量交换，在传热过程中伴有质的交换。它传热速度快，设备结构简单。如空气冷却塔、水冷却塔等。

空分设备换热器在低温下工作，进行低温传热过程，具有以下特点：传热过程多在小温差下进行。传热温差越小，过程的不可逆损失也越小。计算表明，主换热器热端温差减小 1 K，能耗减少 2%左右；冷凝蒸发器温差减小 1 K，能耗减少 5%左右。要求流动阻力小。一般选取较小流速，需要有较大的换热面积。因此，宜选用高度紧凑换热表面。气体温度接近饱和线时，物理性质变化较大，应采用积分平均温差来计算传热温差，以提高计算精度。低温换热器所用材料要求在低温下有良好机械性能。最常用材料为铝合金、铜合金、不锈钢等。低温换热器应结构紧凑、体积小、质量小。换热器跑冷损失直接影响低温设备的能耗，所以应采取有效保冷措施。

(2) 换热系统设备

换热系统是实现制冷循环的主要设备,在冷箱内的换热设备主要包括主热交换器、冷凝蒸发器、过冷器等,在冷箱外还有各种冷却器,空气预冷机等。

换热系统的主要作用是:将空气冷却到所需状态,将返流气体的冷量回收,使下塔顶部的氮气、上塔底部的液氧产生相变,且将冷量自上塔传递至下塔,将下塔送往上塔的液空、液氮过冷,以便减少液体节流后的汽化率等。

① 主热交换器

主热交换器是铝合金结构的平直板翅式换热器,它由翅片、导流片、封条和隔板等部分钎焊成整体,采用逆流形式换热,在相邻的两隔板间放置翅片、导流片及封条,组成一个夹层称为通道,将各夹层进行不同的叠积或适当的排列,构成许多平行通道,形成一组板束,配上流体出入的封头(或称集合器)。冷热流体通过不同的通道,通过隔板(一次换热)和翅片(二次换热)进行热交换。板翅式换热器的板束单元结构如图 3-1 所示。

板翅式换热器仍然属于肩臂式换热器。其主要特点是,它具有扩展的二次传热表面(翅片),所以传热过程不仅是在一次传热表面(隔板)上进行,而且同时也在二次传热表面上进行。高温侧介质的热量除了由一次表面导入低温侧介质外,还沿翅片表面高度方向传递部分热量,即沿翅片高度方向,由隔板导入热量,再将这些热量对流传递给低温侧介质。由于翅片高度大大超过了翅片厚度,因此,沿翅片高度方向的导热过程类似于均质细长导杆的导热。此时,翅片的热阻就不能被忽略。翅片两端的温度最高等于隔板温度,随着翅片和介质的对流放热,温度不断降低,直至与翅片中部区域介质温度相同。

a. 翅片

翅片是铝板翅式换热器的基本元件,传热过程主要通过翅片热传导及翅片与流体之间的对流传热来完成的。翅片的主要作用是扩大传热面积,提高换热器的紧凑性,提高传热效率,兼做隔板的支撑,提高换热器的强度和承压能力。翅片间的节距一般为 1~4.2 mm,翅片的种类和形式多种多样,常用的形式有锯齿形、多孔形、平直形、波纹形等,国外还有百叶窗式翅片、片条翅片、钉状翅片等。

b. 隔板

隔板是两层翅片之间的金属平板,它在母体金属表面覆盖有一层钎料合金,在钎焊时合金熔化而使翅片、封条与金属平板焊接成一体。隔板把相邻两层隔开,热交换通过隔板进行。常用隔板一般厚 1~2 mm。

c. 封条

封条在每层四周,其作用是把介质与外界隔开。封条按其截面形状可分为

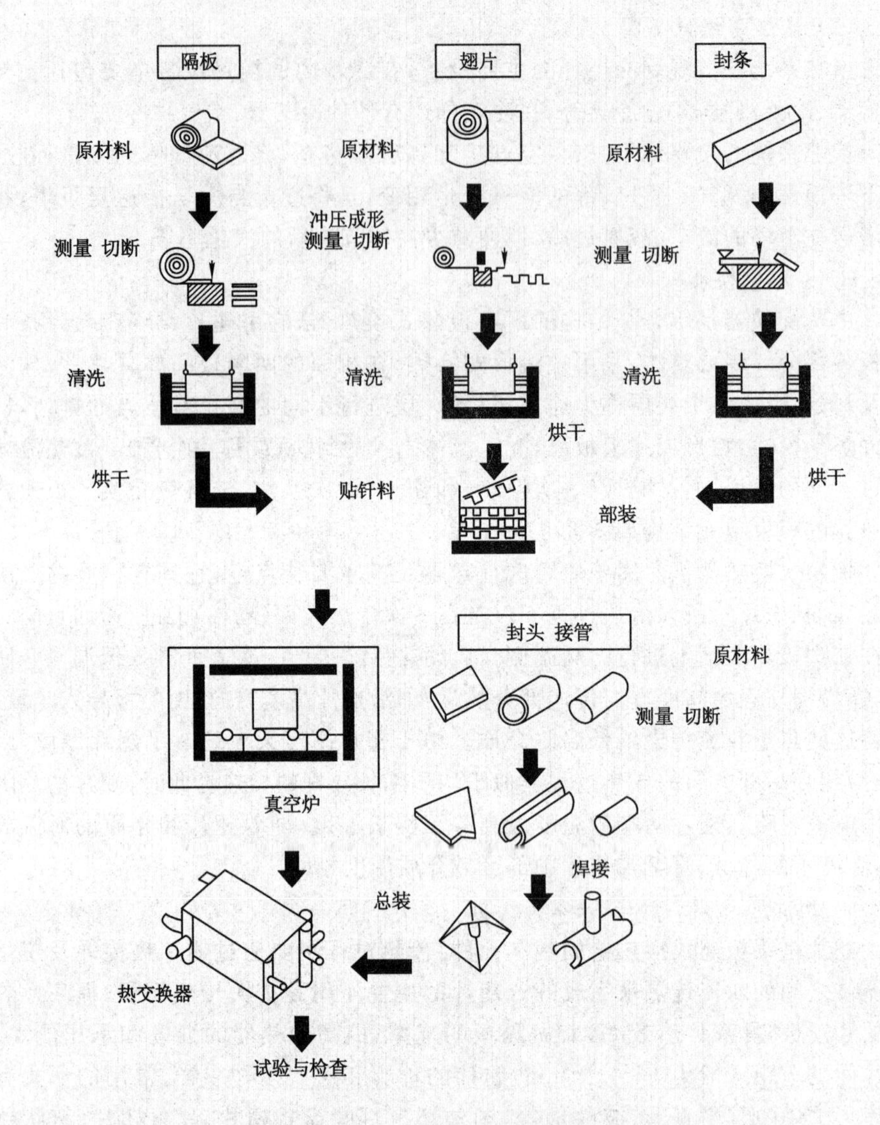

图 3-1 板翅式换热器结构图

燕尾槽形、槽钢形和腰鼓形三种。一般,封条的上下两个侧面应具有 0.3/10 的斜度,以便在与隔板组合成板束时形成缝隙,利于溶剂的渗透和形成饱满的焊缝。

d. 导流片

导流片一般布置在翅片的两端,在铝板翅式换热器中主要起流体的进出口导向作用,以利于流体在换热器内均匀分布,减少流动死区,提高换热效率。

e. 封头

封头也叫集流箱，通常由封头体、接管、端板、法兰等零件经焊接组合而成。封头的作用是分布和集聚介质、连接板束与工艺管道。

另外，一台完整的板翅式换热器还应包括支座、吊耳、隔热层等附属装置。支座与支架相连用来支承换热器的重量；吊耳为换热器吊装使用；铝板翅式换热器外面一般都要考虑隔热，通常采用干燥珠光砂、矿渣棉或硬性聚氨酯发泡等方法。

② 冷凝蒸发器

冷凝蒸发器是联系上、下塔的纽带，是精馏塔的心脏。冷凝蒸发器用于液氧和气氮之间进行热交换，它为下塔提供精馏所必需的回流液，为上塔提供精馏所必需的上升蒸气。同其他换热器一样，冷凝蒸发器为板翅式换热器。它的气氮通道与下塔相通，工作压力约为 0.05 MPa，气氮来自下塔上部，温度约为 −177.3 ℃，在冷凝蒸发器冷凝侧放出热量而冷凝成液氮，作为上、下塔的回流液参与精馏过程。而液氧通道与上塔相通，液氧从上塔底部来，在相应工作压力下，液氧的温度约为 −180.1 ℃，在冷凝蒸发器蒸发侧吸收热量而蒸发（汽化）。一部分氧气作为产品引出，大部分作为上塔的上升蒸气参与上塔精馏过程。液氧与气氮间进行热交换时物态均发生变化，亦即产生相变传热，当液氧的蒸发压力和气氮的冷凝压力及浓度一定时，它们之间的温度几乎是不变的。

③ 冷凝器

冷凝器也是板翅式逆流式换热器，它的作用一方面是正常生产过程中回收上塔出来的氮气（纯氮和污氮）冷量，使下塔来的液空、液氮过冷后节流阀的汽化率减少，使上塔有更多的回流液，改善上塔精馏工况；另一方面使纯氮、污氮温度提高，缩小主热冷端温差。它还可起到一部分调配上、下塔冷量的作用。

3.3 空分装置安全与维护

3.3.1 空分装置安全操作

空分装置的使用必须遵守安全规程。操作人员及在空分部门工作的人员都必须事先学习安全规程，并进行必要的训练。

3.3.1.1 安全注意事项

空分装置的工作区及所有储存、输送和再处理各类产品气的场所，都必须注意以下安全事项。

（1）防止火灾和爆炸

① 禁止吸烟和明火，会产生火苗的工作，如电焊、气焊、砂轮磨刮等，通常禁

止在空分生产区进行，如确需进行，则必须采取措施，确保氧浓度不高的场地，并要在专职安全人员的监督下才能进行。

② 不得穿着带有铁钉或带有任何钢质件的鞋子，以避免摩擦产生火花。并不能采用易产生静电火花的质料作工作服。

③ 严格忌油和油脂，所有和氧接触的部位和零件都要绝对无油和油脂，因此要进行脱脂清洗，应该用碳氢氯化物或碳氢氟氯化合物(例如全氯乙烯)来清洗，一般的三氯乙烯等不适用于铝或铝合金的清洗，会引起爆炸反应。由于这类清洗剂有毒，在使用时，必须注意通风，皮肤的保护，并戴防毒面具。

④ 现场人员的衣着必须无油和油脂，即使脂肪质的化妆品也会成为火源。

⑤ 装置的工作区内禁止贮放可燃物品。对于装置运行所必需的润滑剂和原材料必须由专人妥为保管。

⑥ 要防止氧气的局部增浓。如果发现某些区域已经增浓或有可能增浓，则必须清楚地做出标记，并以强制通风。人员在进入氧气容器或管道之前，必须用无油空气吹除，并经取样分析确认含量正常才能进入。

⑦ 人员应避免在氧气浓度增高的区域停留。如果已经停留则其衣着必被氧气浸透，应立即用空气彻底吹洗置换。

⑧ 氧气阀门的启闭要缓慢进行，避免快速操作，特别是对加压氧气必须绝对遵守。

⑨ 冷凝蒸发器液氧中的乙炔和碳氢化合物的浓度必须严格控制。

(2) 防止窒息引起死亡

① 要防止氮气的局部增浓。如果发现某些区域已经增浓或有可能增浓，则必须清楚地做出标记，并加以强制通风。

② 严禁人员进入氮气增浓区域。如要进入氮气增浓区域，需先通风置换，经检验分析确认正常以后才能允许进入，并要在安全人员监督下进行。

③ 人员进入氮气容器或管道前，必须经检验分析确认无氮气增浓，才允许进入。并要在安全人员监督下进行。

(3) 防止冻伤

① 在处理低温液化气体时，必须穿着必要的保护服，戴手套，裤脚不得塞进靴子内，以防止液体触及皮肤。

② 进入空分装置保冷箱内前，有关的区段必须先加温。

3.3.1.2 安全措施

(1) 厂房设计

空分装置的厂房和附属建筑必须设置适当的通风系统，尤其在地下室、地坑和通道等处，这些地方易造成气体成分的积聚。在液氧有可能泄漏的地方，楼板不得覆盖任何易燃材料(例如木板、沥青等)而且必须平滑,不得有接口和断层。空分装置和附属建筑区域内的下水道必须设置液封,要有足够的紧急出口,并有明显的标记。

(2) 防火设备

为及时扑灭起火,应该配置足够的灭火设备,如特殊的喷淋装置,只要用手一按或人一起进去便能喷水,配置有足够长度水龙带的消防龙头,配备方便的手提式灭火器、安全可靠的报警系统,在氧气可能增浓场所安置禁止吸烟和禁止明火的醒目警告牌。

(3) 防止超压

在受压状态下工作的所有容器和管道,以及内部压力可能会升高的容器和管道,必须配备防超压的安全装置(安全阀、防爆膜等)。这些安全装置必须保持良好的工作状态。必要时,安全阀的起跳压力要定期进行检查。报警系统必须定期进行检查。

(4) 绝热材料的使用

① 为使保冷箱内的绝热材料保持良好的绝热性能,需在保冷箱内充氮以防止湿气的浸入,要定期检查保冷箱内充氮压力、流量。

② 为防止保冷箱内因氧气渗漏造成氧气增浓而使得绝热材料含氧,要定期检查保冷箱内气体组分。如果有氧气增浓现象,应用氮气吹洗,以使氧浓度降至安全范围。

③ 在装填绝热材料时,必须使用特制面罩和手套,防止损害呼吸器官和皮肤。保冷箱装砂口应设置防护栅格以防人员或其他杂物掉入冷箱内,千万别踏入珠光砂堆中,以免陷落,造成生命危险。

④ 珠光砂的排放,必须首先打开主冷箱顶部和板式冷箱顶部的所有人孔,通入冷箱密封气进行彻底加温,与此同时,冷箱内的所有设备必须加温至常温。然后,检测冷箱内气体的含氧量,若其含氧量超过20.95%,则应将整套设备静置等待,直到符合标准。珠光砂的排放必须从冷箱顶部开始,逐渐向下排放。下部人孔(包括珠光砂排放孔)严禁直接打开。珠光沙的排放速度应该缓慢,若有冰块,必从冷箱顶部取出。采取以上措施是为了防止静电和无法估计的物理、化学反应,而损坏设备。

3.3.2 空分节能降耗

空分设备属于高能耗设备,能源的消耗占了产品成本的70%以上,降低能耗可以显著提高企业经济效益。在空分技术的发展过程中,节能降耗可以从设备的设计制造以及运行操作管理等方面入手。

3.3.2.1 设计制造措施

(1) 采用高效率低能耗空压机组

现代空分设备已经发展到第六代全低压空分流程，低压空分流程的主要耗能设备是空压机，空压机的设计以及制造工艺对其效率影响很大。选用优良的空压机组能极大降低整套空分装置能耗。采用三元流叶轮，冷却效果好、等温效率高的等温型空气压缩机组，可以取得比传统空压机的能耗降低 3%的效果，在大空分装置中的优势更为突出。

① 采用先进的气动设计、高质量加工材料和高精密的制造工艺。

② 高质量的安装水平，使空压机具有良好的润滑性能、较高的机械传动效率，从而使得空压机组能保持高效率运行。避免机组出现油压、油温超限波动，尽量将空压机组控制在安全的运行状态之中。

③ 提高机组中间冷却器的冷却效果，安排加强点检监测，预防并消除中间冷却器发生堵塞或者泄漏等故障。做好水质的软化及清洁工作，及时清洁过滤器。

④ 定期消除叶轮、管道和蜗壳产生的结垢，冲洗或检修时对叶轮重做动平衡，以确保机组一直具有良好的气动性能。

⑤ 定期拆检更换机前过滤器滤芯。选用高效的带自洁功能的空气过滤器，以尽可能提高空压机进口压力。在出口压力一定的前提下，通过提高机前压力，减小空压机压缩比，能有效降低机组整体能耗。

(2) 采用填料下塔

最近几年空分规模发展迅速，除了等级规模的提高外，还有一项最重要的技术进展就是用规整填料下塔取代了筛板塔下塔。

采用填料下塔技术，将会使下塔阻力进一步降低，空压机的排出压力也进一步降低，从而达到降低能耗的目的。

(3) 设置水冷却塔，充分利用污氮气

预冷系统中设置水冷却塔，并将富裕的污氮气以及氮气通过管道连接通入到水冷却塔底，充分利用污氮气和氮气的不饱和性(吸湿性)，在不饱和气通过水冷却塔时携带大量的水分，此时水分的蒸发需要潜热，在极短的气水接触换热过程中，水分的蒸发难以从外界获得足够的热量，只能通过吸收水的内能而进行汽化，从而使水温降低。与此同时可以减少冷冻机所需制冷量(甚至取消冷冻机组)，降低装置能耗。

(4) 冷箱内配管优化设计

尽可能合理布局冷箱内管道，因返流气体压力低，所以返流气管路尽量减少弯头、直角弯、三通以及 U 形弯等增加阻力的环节。正流空气同样也要充分考虑到管道布局、合理的管道口径、阀门位置设置以及阀门选型等方面带来的阻力。通过合理的优化设计,降低不必要的阻力损失,亦能给整套空分设备带来一定的性能提升。

(5) 液体反充管线设计

液体反充管线的设计,主要运用在装置冷却阶段完毕、进入到积液阶段后,通过液体槽车倒灌液体进入主冷中的方式,缩短积液时间,并快速进入到调纯阶段,缩短整个空分启动时间,这样能大大减少机组的无功损耗,达到节能的目的。

3.3.2.2 运行操作管理措施

(1) 降低系统损耗

降低系统损耗,包括物料与冷量的损耗。在物料、冷量制取上都需要消耗原始资源,系统中的各种损耗都会反映到最终能耗的提高。

① 降低系统中的泄漏损失

包括气体在动机组中的内、外泄漏,气、液在冷箱管道的泄漏,尤其是液体的泄漏。生产单位液体需要的制冷量要比气体大得多,制取低温液体所耗费的能量也更多。泄漏不止会造成安全隐患,也会使系统能耗极大损失。

② 选用优质的珠光砂保温材料

冷箱运行一段时间后需要及时添加珠光砂,并对冷却水管道、预冷系统和分子筛纯化系统等冷箱外设备加装保温材料,以减少各种冷量损耗。

③ 降低气体无效放散

在目前空分设备流程中,污氮虽然被部分利用,但大部分仍被放空,应尽量使余量污氮进入水冷却塔加以利用。在后续系统处于生产低谷时产品氧、氮会被放空,建议把这部分气体送入水冷却塔加以利用。控制好水冷却塔水气比,使得在气量大或塔内结垢时避免无效喷水,浪费冷却水。

④ 提高物料利用率

采取合理的工况调节手段,以提高氧提取率,降低氧气单位能耗。

(2) 优化各设备操作

① 提高各换热器换热效率。减少换热器堵塞,堵塞会造成机组后排压升高,使电动机电耗增加;堵塞还会造成换热效率下降,造成偏流引起换热不均,使得能量损耗。

② 主冷顶部设计有不凝气排放管。在实际运行中应及时排放主冷不凝气,提高换热通道面积,增强换热效果。

③ 在操作运行中通过调整换热器中部温度,并减少偏流;通过控制热端温差,降低复热不足损失。

④ 纯化系统中在吸附器后设置有一个空气露点温度的测点,主要为了防止

水分带入到板翅式换热器从而影响换热效果。

⑤ 分子筛再生应彻底，提高分子筛吸附能力；尽量减小分子筛吸附器阻力，分子筛再生气电加热器运行时应尽量避免频繁启停。

(3) 科学利用电能

空分设备是消耗电能的大户，更科学有效地利用电能将直接带来能耗上的降低。在电价谷期，提高生产负荷，利用后备液化装置存储液体，在电价峰期，相应降低负荷，甚至关闭后备液化装置，通过已储备的液体向空分设备灌入液体，从而达到减少压缩机的能耗而不减少产品产量的目的。

3.3.3 空分控制系统

空分控制系统就是对空分装置进行控制，使其安全运行的系统，空分的流程主要就是以空气为原料，通过压缩循环深度冷冻的方法把空气变成液态，再经过精馏而从液态空气中逐步分离生产出氧气、氮气及氩气等惰性气体。由于空分系统的工艺复杂、各子系统间联系紧密、设备风险大，因此要求控制系统稳定可靠、操作方便、自动化程度高。

(1) 工艺流程

空分设备在对空气进行分离过程中，从工艺流程来说可以分为 5 个基本系统，即杂质的净化系统、空气冷却和液化系统、空气精馏系统、加温吹除系统和仪表控制系统，每个系统的任务不同、装置不同以及特点等方面也不同。

杂质的净化系统：空气进入空分系统时，因为空气中含有太多的杂质，会对空分后的气体纯度产生影响，所以对于空气进行杂质的净化。在此系统中，主要是通过空气过滤器和分子筛吸收器等装置，净化空气中混有的机械杂质、水分、二氧化碳、乙炔等。

空气冷却和液化系统：空气分离的准备工作就是把空气进行液化。空气冷却和液化系统主要由空气压缩机、热交换器、膨胀机和空气节流阀等组成，起到使空气深度冷冻的作用。在空气液化后利用不同气体的蒸发温度进行分离操作。

空气精馏系统：此系统是空分系统中最重要的一个基本系统，空分工艺的基本原理是利用空气组分沸点的不同将各组分从液体空气中分离出来，主要部件为精馏塔（上塔、下塔）、冷凝蒸发器、过冷器、液空和液氮节流阀。该系统起到将空气中各种组分分离的作用。

加温吹除系统：在对液化空气进行分离之后，可能存在未被蒸发的液化气体，此系统就是利用加温吹除的方法使净化系统再生。

仪表控制系统：此系统是空分系统中的主要控制系统，现有的大型空分设备主要就是利用集散控制系统(DCS)对整个系统进行控制检测，并且通过各种仪表对整个工艺进行控制。

(2) 控制系统

控制系统包括空压机系统、分子筛纯化系统、预冷系统、膨胀机系统、空气分离系统、氧压机系统、氮压机系统、液体储罐系统、水处理系统等部分。空分流程的典型控制包括空压机控制、分子筛纯化控制、液空液氧纯度控制、膨胀机控制、自动变负荷控制等。

① 空压机控制

通常情况空压机在定压和定流量下运行，当压力或流量过高时，通过调节PV阀(进口导叶)和放散FV阀(放空阀)放空流量，以保持一定的压力和流量并避免喘振发生。当产品需要量变化时，需要对空压机的流量、压力、温度等进行控制，一般空压机在保证液体产量不变的情况下，变工况流量调节范围在75%～108%之间。

a. 空气流量的控制

空分装置负荷的大小(产品产量与纯度)可通过控制进气装置空气流量以及空气增压机流量来实现，它是通过控制空压机进口导叶的开度、进口蝶阀开度及汽轮机的调速机构来实现的。该控制不但能用来进行装置负荷大小的调节，还可以在装置正常运行中消除各种因素造成的空气流量的波动。

b. 防喘振控制

采用整机防喘放空方式，利用入口压力、入口温度、出口压力、出口温度、出口流量五参数控制空压机出口防喘振阀。自动防喘振控制的作用是当离心式压缩机流量过小、压力过高时，自动打开放空阀。

压缩机的防喘振调节系统可以保证机组在空分开车最低负荷至装置最高负荷的范围内经济稳定可靠地运行。该保护调节系统根据压缩机的特性曲线，自动实现当其运行工况点因某种原因而超过特定的防喘振控制曲线时，使防喘振阀快速打开某一开度，进而降低排气压力、增加出气流量，使得压缩机快速脱离喘振工况。压缩机的防喘振保护系统是当压缩机的排气压力超过防喘振保护曲线时，压缩机的防喘振阀在2 s内快速全开以实现紧急卸压。

增压机防喘振分低压缸和高压缸两部分，低压缸以进气流量、压力、温度和排气压力作为防喘振控制要素，控制单元的输出作用于低压缸防喘振阀，防喘振阀的输出打回流于低压缸进口。高压缸以进气压力、温度和排气压力、流量作为防喘振控制要素，控制单元的输出作用于高压缸防喘振阀，防喘振阀的输出打回流于高压缸进口。

② 分子筛纯化控制

分子筛吸附的作用是清除空气中的水分和二氧化碳以及乙炔等碳氢化合物，以保证空分设备安全运转；在吸附后还要进行再生，以保证分子筛吸附器的连续使用。目前分子筛工艺一般有变压吸附 PSA 与变温吸附 TSA 两种。分子筛对混合气体有选择吸附的功能，其吸附能力的大小随温度、压力的变化而变化，低温、高压有利于吸附，高温、低压有利于解吸，变压吸附和变温吸附依据的就是这一基本原理。

③ 液空、液氮纯度控制

在精馏塔中，妥善地控制液空、液氮纯度的目的在于保证氧、氮产品纯度和产量。其中，下塔的液空、液氮是提供给上塔作为精馏的原料液，因此，下塔精馏是上塔精馏的基础。液空和液氮存在着相互促进又相互制约的关系，液空纯度高时，氮气纯度才可能提高。液空纯度高而输出量大时，氮气纯度才能达到理想纯度。与此同时，氧气和氮气之间的其中一种纯度高，另一种纯度必然降低。

对它们进行纯度控制主要发生在下塔的操作中，其中要点在于控制液氮节流阀的开度。就是要在液氮纯度合乎上塔精馏要求的情况下，尽量加大其导出量，这样可以为上塔精馏段提供更多的回流液。回流比的增大可使氮气纯度得到保证。与此同时，下塔回流比会因此而减少，液空纯度会得到提高，进而可以使氧气纯度得到提高。

④ 膨胀机控制

透平膨胀机是空气分离设备获取冷量所必需的关键部机，是保证整套设备稳定运行的心脏。其主要原理是利用有一定压力的气体在透平膨胀机内进行绝热膨胀对外做功而消耗气体本身的内能，从而使气体自身强烈地冷却而达到制冷的目的。透平膨胀机输出的能量由同轴压缩机回收或制动风机消耗。

膨胀机是一种工作在超高转速、高压力、大气量状态下的机械设备。所以其对于控制系统的要求比较高，系统必须具备可靠性高、控制能力强、反应速度快、信息处理范围广等特点，这样才能有效地防止发生“飞车”事故和轴承烧坏。其保护控制系统具体措施是使电机必须在确定切断进气后再停电，以确保先断气，后卸负荷。

(3) 控制系统的维护

空气分离设备的发展趋势是向大型化方向发展，设备大型化不是简单地把设备放大。它对整套设备的流程设计、工艺设计、各单体设备的技术水平、DCS控制水平等都有相当高要求。设备大型化能带动整个行业技术进步，这也很符合行业技术发展的要求。而对于控制系统的维护工作也不可避免，控制系统分为大型空分控制系统和小型空分控制系统，不同类型的控制系统维护工作不同。

① 卡件通道故障

卡件通道故障出现较多的是I/O卡件故障。一般通过系统诊断,调换通道或通过更换备件即可处理。这类故障在调试阶段出现较多,正常运行中出现概率较低。目前许多DCS产品都支持卡件热插拔,这都为故障的及时排除提供了有利条件。但在运行中更换卡件或调换通道前,应明确该卡件上其他信号有无重故障连锁,否则有可能引起保护动作,影响空分的正常运行。同时,应做好安全防护措施,避免影响其他工作正常的卡件。

② 操作站死机故障

操作站死机故障在国产及进口设备中均有发生,原因也较多,特别是Windows操作系统的操作站。硬盘或卡件故障、操作站CPU风扇负荷过重等都会导致死机。通过硬盘备份、定期对操作站进行精密点检等可有效预防这类故障。

③ 日常点检工作

系统日常点检是DCS系统维护最重要的工作之一。通过系统自诊断工具,系统设备存在的大部分异常或故障可及早发现和处理。同时,通过查看各种卡件指示灯状态及系统工作环境等也可有效把握设备工作情况。

④ 冗余设备的有效性试验

应定期对冗余设备如电源、通讯卡件、控制器等设备进行有效性试验。通过冗余切换,可及时检查相关设备是否存在异常。

⑤ 备件的有效性试验

由于DCS系统的各种设备性能一般都比较好,使用寿命各不相同,而一旦故障后会对空分的正常生产带来较大的影响。因此有必要利用各种机会,有计划地对备件进行上机测试,确保使用性能良好。与供货商保持有效的沟通,及时获知系统升级、淘汰以及备件停产等信息,并采取相应的措施。

3.4 聚甲醛工艺实习

3.4.1 聚甲醛简介

3.4.1.1 聚甲醛的特性

聚甲醛(polyoxymet-hylene)又名缩醛树脂(acetalnresins)、聚氧亚甲基(polyoxymet-hylene),热塑性结晶聚合物,被誉为“超钢”或者“赛钢”,英文缩写为POM,其分子主链中含有—CH_2O—链节,是一种高密度、高结晶性的无支链线性聚合物,具有良好的物理机械性能、耐化学品性,使用温度范围较广,可在−40～100 ℃长期使用。聚甲醛的分子链结构规整性高,分子链由碳氧键组成,聚甲醛的碳氧键比碳碳键短，具有优异的刚性和机械强度；是工程塑料中机械性能最接近金属材料的品种之一，具有密度高、结晶度较高、刚性大、自润滑性能好、耐疲劳、耐摩擦、耐有机溶剂、成型加工简单等突出优点；聚甲醛还具有吸水性小、尺寸稳定、有光泽、优于尼龙在该方面的性质；具有抗拉强度、弯曲强度、耐疲劳性强度均高，即使在低温下，聚甲醛仍有很好的抗蠕变特性、几何稳定性和抗冲击特性，可在低温环境内长期使用。它的耐磨性和自润滑性也比绝大多数工程塑料优越，又有良好的耐油、耐过氧化物性能。

3.4.1.2 聚甲醛的分类

按其分子链中化学结构的不同，可分为均聚甲醛和共聚甲醛两种。两者的重要区别是：均聚甲醛密度、结晶度、熔点都高，但热稳定性差，加工温度范围窄（约 10 ℃），对酸碱稳定性略低；而共聚甲醛密度、结晶度、熔点、强度都较低，但热稳定性好，不易分解，加工温度范围宽（约 50 ℃），对酸碱稳定性较好，是具有优异的综合性能的工程塑料，有良好的物理、机械和化学性能，尤其是有优异的耐摩擦性能。均聚甲醛密度约为 1.4 g/cm^3，熔点约 170～185 ℃；有优异的刚性，拉伸强度可达 68.9 MPa，单位质量的拉伸强度高于锌和黄铜，接近钢材；耐磨性好、摩擦系数和吸水性小，但热稳定性差、不耐酸。共聚甲醛改进了热稳定性，可在－40～104 ℃下长期使用，但机械强度略有下降。

由于均聚甲醛是由同种单体组成的，因此分子链的结构对称性高，有序性强，有利于形成较完整的结晶，且结晶度高，可达 64%～69%，熔融温度一般为 175 ℃。而共聚甲醛因其分子链的结构对称性较差，结晶度较低，为 56%～59%，熔融温度一般为 165 ℃。与分子结构相关，均聚甲醛的优点是力学性能好，如有较高的拉伸强度、弯曲强度、疲劳强度、冲击强度、刚性、表面硬度及热变形温度等，但其缺点是耐热性差、成型加工温度范围窄等。共聚甲醛因利用分散在其分子链上的 CH_2CH_2O 以阻止脱甲醛反应的进行，所以其耐热性比均聚甲醛好，成型加工温度范围较宽。但 CH_2CH_2O 的存在，大大降低了其分子链的结构对称性，因而共聚甲醛的结晶度、熔融温度、力学性能等一般均较均聚甲醛低。

3.4.1.3 聚甲醛的应用领域

聚甲醛是目前理想的可部分代替铜、铸锌、钢和铝等金属材料的工程塑料，用途极为广泛。由于聚甲醛具有硬度大、耐磨、耐疲劳、冲击强度高、尺寸稳定性好、有自润滑性等特点，因而被大量用于制造各种齿轮、滚轮、轴承、轴送带、弹簧、凸轮、螺栓及各种泵体、壳体、叶轮、摩擦轴承等机械设备的结构零部件。例如用聚四氟乙烯乳液改性的高润滑聚甲醛制造的机床导板具有优良的刚性和耐疲劳性，能克服纯聚四氟乙烯易被磨耗和易蠕变的缺点，而且与金属摩擦的静、动摩擦因素基本相同，显示出了优良的自润滑特性。聚甲醛材料的相关产品如图 3-2 所示。

图 3-2 聚甲醛材料的相关产品

(1) 汽车工业

聚甲醛在汽车工业中的应用量较大。采用聚甲醛制作的零件具有减少润滑点、耐磨、便于维修、简化结构、提高效率、降低成本和节约铜材等良好效果，如代替铜制作汽车上的半轴、行星齿轮等不但节约了铜，而且提高了使用寿命；在发动机燃油系统，聚甲醛可以制造散热器水管阀门、散热器箱盖、冷却液的备用箱、阀体、燃料油箱盖、水本叶轮、气化器壳体、油门踏板等零件。

(2) 电子电器

由于聚甲醛的电耗较小，电气强度和绝缘电阻较高，具有耐电弧性等性能，广泛地应用于电子电器领域。如可用聚甲醛制造电扳手外壳、电动羊毛剪外壳、煤钻外壳和开关手柄等，还可制造电话、无线电、录音机、录像机、电视机、计算机和传真机的零部件，计时器零件，录音机磁带座等。

(3) 纺织工业

在纺织机上，主要应用于喷嘴及纺织综丝。综丝是纺织生产中的大宗易耗配件，中国作为全球纺织企业密集地区，每年综丝的消耗量几百亿支。传统综丝是用不锈钢制作的，不锈钢综丝存在着重量大、容易生锈、对机器的损耗和耗能大等弱点。在南方湿润的气候条件及水污染日趋严重的环境里，不锈钢综丝的缺点已经是致命的了。而聚甲醛塑料综丝以重量轻、对机器的损耗小、不会生锈、容易清洗等优点成了钢制综丝的换代产品。磁性塑料综丝具有磁性，解决了塑料综丝穿综难的问题。

(4) 农业机械

在农业机械方面，聚甲醛可用来制造手动喷雾器部件、播种机的连接和联运部件、挤乳机的活动部件、排灌水泵壳、进出水阀座、接头和套管等，还可用于制造气溶胶的包装、输送管、浸在油中的部件及标准电阻面板等。

此外，聚甲醛在轻工、运输、建材、医疗等领域也得到了广泛应用。

3.4.1.4 国内主要聚甲醛生产企业

(1) 云天化集团有限公司

1997 年，云天化集团从波兰塔尔诺夫化肥厂引进了 10 kt/a 装置技术，于 2000 年 12 月建成，经过 2 年整改实现正常生产。云天化集团的聚甲醛装置是国内首套万吨级引进装置，打破了国外化工企业的垄断，填补了国内聚甲醛产品的空白。2007 年云天化集团聚甲醛产能已达 30 kt。

(2) 上海蓝星聚甲醛有限公司

上海蓝星聚甲醛有限公司是中国化工集团公司旗下中国蓝星(集团)股份有限公司的独资国有企业，源于 1933 年成立的中国酒精制造公司。1954 年公私合营更名为上海溶剂厂，并于 1965 年在实验室成功研制了包括溶液法聚合在内的工艺全过程，1970 年在完成单体制备工艺的基础上，建成了 100 t/a 装置。经过多年的研究开发，2000 年该厂生产能力达到 1 900 t/a。2005 年，公司采用香港富艺国际工程公司聚甲醛技术建设 40 kt/a 聚甲醛项目，并于 2007 年建成投产。

(3) 大庆油田化工有限公司甲醇分公司

大庆油田化工有限公司甲醇分公司投资 5.67 亿元，引进美国塞拉尼斯公司技术，建设年产 20 kt 的聚甲醛项目，于 2002 年开展设计工作，2004 年实现装置投产。

(4) 山西兰花科技创业股份有限公司

山西兰花科技创业股份有限公司投资 5.8 亿元、年产 20 kt 的聚甲醛项目于 2004 年通过国家计划委员会审批立项，现已达到年产 30 kt 的规模。

(5) 开封龙宇化工有限公司

2008 年，由永城煤电控股集团公司出资组建开封龙宇化工有限公司，主要生产聚甲醛及其改性聚甲醛产品，生产能力为年产 100 kt。该项目总投资 37 亿元，共分三期，一、二期已于 2009 年底建成投产。

聚甲醛的生产与加工具有较高的技术含量和丰厚的利润，是跨国公司的利益核心之一。聚甲醛的先进生产技术主要集中在美国、德国、日本，为维持聚甲醛技术的封锁和市场的垄断，聚甲醛存在技术壁垒，不轻易对中国转让技术。作为一种性能优异的工程塑料，我国聚甲醛市场潜力巨大，主要应用于汽车和电子电器等行业，均是关系国计民生的战略性行业，国外公司非常注重中国这一潜在的巨大市场，我国聚甲醛工业将面临激烈的竞争。国内企业应抓住机遇，快速发展，否则在日益激烈的全球竞争中将有被淘汰的危险。因此，发展我国聚甲醛工业非常紧迫和重要。

作为一种性能优异的工程塑料，聚甲醛对于我国来说是一种战略性产品，尽早开发具有自主知识产权的万吨级聚甲醛技术非常必要和重要。有关部门应组织专家对引进技术进行消化和吸收，然后组织各方面力量进行攻关，尽快形成万吨级的国产化生产装置技术，尤其是对聚甲醛生产的关键技术进行攻关，并形成拥有自主知识产权的工艺包。

3.4.2　聚甲醛行业发展

3.4.2.1　聚甲醛的发展历程

美国杜邦公司于20世纪50年代成功开发聚甲醛，并首先实现了均聚甲醛的工业化。美国塞拉尼斯(Celanese)公司于1962年实现了工业化生产，其商品名为Ceicon。1963年德国赫斯特-塞拉尼斯公司(Hoechst-Celanese)，以"Hostaform"为商品名生产销售聚甲醛。

国内的聚甲醛起步比较晚，而且速度比较慢，技术比较落后。20世纪70年代末期，我国才有了第一套聚甲醛的装置。1998年，我国只有上海溶剂厂和石井沟联合化工厂两家企业生产聚甲醛，由于三聚甲醛单程转化率低、原材料及公用工程消耗高、产品质量不稳定，限制了我国聚甲醛工业的发展。

自2001年云天化集团有限公司成功引进波兰ZAT技术实现国内聚甲醛量产以来，中国实现了聚甲醛自有装置生产从无到有的过程。随着2008年上海蓝星聚甲醛有限公司6万t/a的聚甲醛装置投产，标志着中国自有知识产权大规模生产装置的运行。随后的几年中，天津碱厂4万t/a、云天化集团新增6万t/a、开封龙宇化工4万t/a、中国海洋石油天野化工6万t/a、宁煤集团6万t/a生产装置的建成投产和上海蓝星聚甲醛有限公司装置的扩产，中资聚甲醛生产装置已达到35万t/a生产能力。加上投产的唐山中浩化工有限公司、兖矿鲁南化肥厂以及大同煤矿集团公司的新装置，中国国产聚甲醛年产量达到50万t以上。

3.4.2.2　聚甲醛的发展方向

聚甲醛虽然具有优异的力学性能，但存在易燃、易分解、缺口敏感性高、冲击强度低和成型收缩率大等缺点，极大地限制了聚甲醛的应用，所以为了弥补聚甲醛的缺点进行的改性研究，已经成为一个非常热门的课题，近年来不断地开发出各种特殊性能的新产品。

目前，普通牌号的聚甲醛产品每吨售价为1万元左右，但经过改性加工后，大部分产品的价值可提升3～4倍。有的聚甲醛改性后用于航天航空领域，可提升价值30倍以上，售价高达30万元/t。在江浙一带，有些塑料加工企业只是往聚甲醛里面添加一些颜色，都能获得很高的利润。随着国内聚甲醛项目的陆续上马，国内普通牌号产品已经出现了产能过剩、低价竞争的局面，改性成了提升聚甲醛附加值的有效途径。但可惜的是，目前国内聚甲醛企业主要还是生产通用产品，改性产品并不多。

中国产业调研网发布的2016～2022年中国聚甲醛市场深度调查分析及发展前景研究报告认为，目前市场上使用量大的还是普通牌号的聚甲醛产品，改性产品占市场总量的比重不大。改性是为了增加市场附加值，但是，改性的针对性特别强，比如，虽然都是聚甲醛产品，但汽车方向盘组件与门锁组件就有极大的区别，这就需要企业深入到市场中去，才能找出聚甲醛更多的应用市场，市场才能逐步扩大。无论是生产厂家还是应用厂家，如果不能深入了解聚甲醛以及应用领域的特性，就不敢贸然选用新的改性产品。如果有部件可以用改性材料也可以用其他产品，设计人员肯定优先选应用过的材料，而不会采用新产品。

3.4.2.3 聚甲醛改性

聚甲醛改性分为物理共混改性和化学改性。化学改性包括共聚、接枝、交联，但由于聚甲醛的结晶度高，非极性的聚甲醛链的功能性基团可以与其他聚合物反应，也不易形成氧键，因此，与其他聚合物不具有相容性，寻找能与聚甲醛大分子—C—O—键发生作用或者与聚甲醛形成—C—H—键的极性相溶剂是技术核心，目前发现的这类接枝共聚物相溶剂相对较少。

工业化的聚甲醛改性以物理共混改性为主。通过添加有机或无机物，根据需要分别进行增韧性、增强填充改性、耐磨改性、阻燃防静电改性，提高聚甲醛某些机械性能指标。

① 添加纳米碳酸钙、玻璃纤维、碳纤维可以提高聚甲醛的强度、刚性、冲击韧性、耐腐蚀性、耐高温性能。

② 添加弹性体可以提高聚甲醛的韧性，弹性体包括聚氨酯弹性体TPU、乙丙橡胶EPDM、顺丁橡胶BR、丁苯橡胶SBR、丙烯酸酯、尼龙等。

③ 添加丙烯酸甲酯MMA、三聚氰胺树脂、丁腈橡胶NBR、PA、ABS可以提高聚甲醛的热稳定性。

④ 添加阻燃剂，如季戊四醇磷酸盐、聚磷酸铵、三聚氰胺可以提高聚甲醛的阻燃性。

⑤ 因为拥有良好的自润滑性能，使得聚甲醛被广泛用于电子、电气、制作机械等领域，主要来制作各种要求有自润滑性能的机械零部件。为了满足精密机械、电子和电气动力传动部件高速、高压、高温、轻量化的要求，进一步提高聚甲醛树脂的摩擦磨损性能，人们一般通过添加硅油、聚四氟乙烯PTFE、二硫化钼

MoS_2和超高相对分子质量聚乙烯 UHMWPE、石墨、炭黑、L1 润滑油、润滑脂等方式来提高聚甲醛耐磨性。

⑥ 聚甲醛与弹性体丁腈橡胶 NBR 共混，由于聚甲醛电绝缘性能较高，共混可得到耐油性能、绝缘性能均较好的新材料。添加聚乙二醇 PEG、尼龙、炭黑可以提高聚甲醛抗静电性和导电性能。

⑦ 聚甲醛对紫外线非常敏感，如果产品没有添加稳定剂或进行光保护，在强烈的阳光照射下暴晒时间即使很短，表面也会变得粗糙。使用受阻胺 622、292[癸二酸二(1,2,2,6,6 五甲基-4-哌啶基)酯]或苯并三唑类紫外线吸收剂 UV—P 对聚甲醛进行紫外光保护。在某些部件对颜色要求不高时，使用炭黑，效果优异。

3.4.2.4 我国聚甲醛发展面临的挑战

聚甲醛作为一种重要的工程塑料应用范围极为广泛，是国内外科研机构研究的热点之一。目前，国外厂商如美国杜邦和日本宝理等经过多年研究，已经具备了较为完善的聚甲醛生产和改性技术，形成了较为全面的各种性能牌号产品，并且已经抢占并主导了高性能高附加值的聚甲醛市场份额。我国聚甲醛的生产现已具有一定规模，但由于生产技术上一直受制于人，尚未有重大的技术突破而未形成自主的工艺路线。

(1) 技术引进困难，技术存在瓶颈，产品品质不稳定因素较多

由于国外对我国聚甲醛技术的封锁，在 20 世纪之前中国没有自己的聚甲醛成熟量产装置，截至目前，我国还没有能够引进一套比较高端的聚甲醛生产工艺。国内的生产企业只有宝理、Ticona、三菱、杜邦等企业的分公司或者子公司。我国自主研发的技术只有 1969 年上海溶剂厂(现上海蓝星聚甲醛有限公司)开发的 2 000 t/a 的生产装置，虽然现在被上海蓝星聚甲醛有限公司改造和放大，但是产品相比进口聚甲醛在品质稳定性方面仍有一定的进步空间。

(2) 产品需求高端和低端的分化不利于国内供需市场的发展

聚甲醛需求表现为高端和低端两极分化的局面。高端领域主要被国外或者合资聚甲醛产品所占领，低端方面主要是国产聚甲醛。国产聚甲醛替代进口聚甲醛虽然是众多国产厂家一直努力的方向，但是替代需要一个漫长的过程。因此也造成了国产聚甲醛产品在低端市场的竞争日益激烈。如果在短时期内不能解决这个问题，将导致国内产能在一定时间内严重过剩，产品价格低，国产聚甲醛企业全员亏损。

(3) 供给能力增强将增大聚甲醛国内供需的平衡

2001 年以前，由于国内聚甲醛主要依靠进口，国内许多企业在民族情结或高利润因素的驱动下投资聚甲醛行业。近几年是我国聚甲醛行业高速发展的时

期,我国聚甲醛的供应出现了从无到有、从供不应求到供远远大于求的现状。特别是由于国有煤炭企业出于延长产业链的考虑,大举投资聚甲醛行业,造成了国内聚甲醛消费领域在没有大规模得到培育和开发的情况下出现近期内供大于求的状况。

(4) 改性聚甲醛市场长期被外资占领

目前,改性等高附加值聚甲醛产品是聚甲醛行业的一个盈利亮点。由于国内的聚甲醛企业装置生产能力较大,加上市场的供需失衡,其主要精力都放在聚甲醛基础树脂的产销平衡,对改性产品的研发和销售方面投入相对较弱。外资高端聚甲醛生产企业已经有了几十年的产品研发经验,在产品改性方面有着先天优势。目前,高端聚甲醛生产企业的改性材料销售利润已经远远超过其基础树脂。

3.4.2.5 聚甲醛行业发展建议

2009 年 2 月 19 日,国务院审议并原则通过了《轻工业和石化产业调整振兴规划》,鼓励发展的十大产业之一就是工程塑料。鉴于我国聚甲醛行业的未来增长空间巨大,明确指出重点发展特种功能材料、高性能结构材料、复合材料、环保节能材料等产业群,建立和完善新材料创新体系,因此,聚甲醛项目建设符合国家产业政策要求。针对目前聚甲醛行业的激烈竞争,应在如下几个方面予以重视:

(1) 合理布局,降低成本

聚甲醛生产成本排序为蒸汽、甲醇、电,因此聚甲醛适宜于建设在甲醇资源丰富且蒸汽、电力价格较为低廉地区,较低的水、电、汽价格,可降低聚甲醛产品生产成本,在国际市场竞争中具备一定优势。

(2) 积极攻关,掌握核心

目前,我国聚甲醛产量低、品种牌号少,无论是产品性能和价格都无法与进口产品竞争。国内企业应积极采取措施,引进、消化、吸收国外先进技术,确保产品质量稳定、品质优异、生产成本低、产品牌号可满足国内和国际市场需求,改变聚甲醛生产落后局面。并通过组织技术人员进行攻关,优化目前生产工艺所存在的问题,从而拥有自主知识产权,进而促进我国聚甲醛行业的发展,减少高品质聚甲醛产品进口量。

(3) 积极合作,取长补短

一旦我国聚甲醛技术有了重大突破,将彻底打破国外技术封锁,国外技术厂商将纷纷来华洽谈技术转让和合作事宜。企业应把握时机,加强国际交流合作,取百家之长,广开渠道继续引进高端聚甲醛生产技术,进行再创新,把高端聚甲醛产品做强做大。

(4) 稳扎实打,瞄准国际

企业产品质量及市场定位不仅要满足国内市场需求,更要瞄准国外聚甲醛市场,要走出去开拓国外市场,产品要满足国际市场大宗客户需求,参与国外聚甲醛市场的竞争,将中国由世界第一大进口国变为第一大出口国。

(5) 重视改性,升级产品

聚甲醛生产企业应重视聚甲醛延伸产业链,以企业为主大力发展聚甲醛的改性产品,开发专用料和共混品牌,增加产品牌号,提高产品应用覆盖领域和产品附加值。

3.4.3 聚甲醛生产工艺

聚甲醛是主链主要由—CH_2O—单元组成的均聚甲醛和共聚甲醛的总称。聚甲醛分子链结构规整,而且分子链主要由 C—O 键构成,C—O 键的键长比 C—C 键的键长要短,聚甲醛沿分子链方向的原子密集度较大,因此聚甲醛具有极高的强度和刚性、优异的自润滑和耐磨性、良好的抗蠕变、耐疲劳以及尺寸稳定性等性能,被广泛应用于电子电器、机械仪表、五金建材、日用轻工等领域。目前聚甲醛已经成为铜、铝等有色金属及合金制品理想的替代品,是重要的工程塑料之一。

聚甲醛制备是以甲醇为原料氧化生成甲醛,再以甲醛为单体的树脂制造技术,主要有以高纯度气相甲醛或三聚甲醛为单体的均聚甲醛和以三聚甲醛、二氧五环或环氧乙烷为单体的共聚甲醛两种生产路线。

3.4.3.1 甲醛制备

目前世界上甲醛制备的主流技术为甲醇气相氧化法,按照催化剂的不同分为银催化剂催化工艺和铁钼氧化物催化工艺,简称银法和铁钼法。银法工艺是通过电解银或浮石银催化,甲醇发生脱氢和氧化反应转化为甲醛气体,通过冷却、冷凝、吸收过程将甲醛气体转变为37%～45%粗醛溶液。铁钼法工艺是通过铁钼氧化物催化,甲醇气体在过量空气的氧化下转化为甲醛,通过冷却、冷凝、吸收转化为55%左右高浓度甲醛。

(1) 铁钼法制甲醛

铁钼法主要是采用 Mn_2O_3—Fe_2O_3 作为催化剂,是由英国赖克霍德化学公司首先提出,也称之为 Formox 法。此法是由甲醇与过量空气(甲醇与空气混合爆炸极限为6%～36.5%)氧化生成甲醛。Mn_2O_3 和 Fe_2O_3 组成复合催化剂,其中 Mn_2O_3 的催化活性较差但选择性好,Fe_2O_3 的催化活性高但选择性较差,这样复合的催化剂具有较高的催化活性和选择性。因为空气过量,可以维持较好的氧化状态,甲醇能接近100%转化,选择性达95%～100%,可以直接生产浓度高达55%的甲醛，并且产物中甲醇含量较低。但此法需要较多加压空气风机且催化剂不能再生，增加了设备和生产成本，工艺流程如图 3-3 所示。

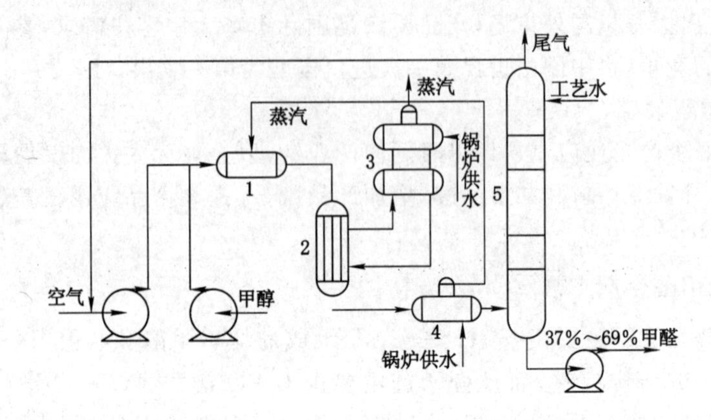

图 3-3　铁钼法生产甲醛工艺流程

1——汽化器；2——反应器；3——废热锅炉；4——反应气冷却器；5——吸收塔

甲醛在不锈钢吸收塔 5 中被吸收，通过吸收塔工艺水量的调节，可以得到浓度为 50%以下任何浓度的甲醛水溶液。溶液的形成热和反应气体的余热被内部冷却系统带走，在吸收塔底部，甲醛中通常只有 0.02%的甲醇，不用再处理便可使用。大部分未凝的排放气体回到反应原料气中，这样就提高了产品收率。

(2) 银法制甲醛

银法主要是采用电解银或浮石银作为催化剂，工业上用过量的甲醇与空气反应生成甲醛。为了确保反应安全以及减少副反应，还在甲醇和空气的混合气中加入水蒸气和部分反应循环尾气。通常在常压和 600～700 ℃条件下反应，甲醇的转化率可以高达 83%～85%，甲醛的产率为 86%～90%，产生的甲醛气为了防止深度氧化为甲酸，要经冷却冷凝，经吸收塔吸收后，可以得到浓度 40%～50%的甲醛水溶液。该工艺的主要反应是脱氢反应与氧化反应，其主要的反应式如下：

主反应：

$$CH_3OH \longrightarrow CH_2O + H_2$$

$$CH_3OH + 1/2O_2 \longrightarrow CH_2O + H_2O$$

副反应：

$$CH_3OH + O_2 \longrightarrow HCOOH + H_2O$$

$$CH_3OH + O_2 \longrightarrow CO + 2H_2O$$

$$2CH_3OH \longrightarrow CH_4 + CH_2O + H_2O$$

$$2CO \longrightarrow C + CO_2$$

银法反应所需要的动力设备较少，所用的催化剂可以再生，在我国，银法占据主要市场。工艺流程如图 3-4 所示。

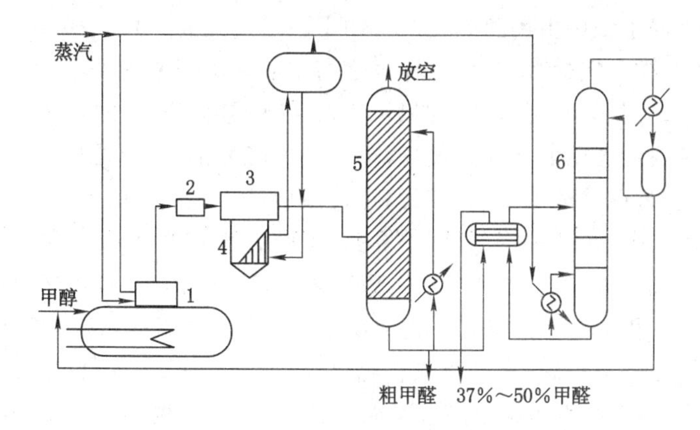

图 3-4 英国 ICI 公司甲醇氧化脱氧法生产甲醛工艺流程图

1——蒸发器；2——阻火器；3——转化器；

4——列管式废热锅炉；5——吸收塔；6——精馏塔

此工艺首先将甲醇溶液送入蒸发器 1 中，并向蒸发器内鼓入经过过滤的空气。在蒸发器内，甲醇溶液被加热蒸发，同时与空气混合。将气体混合物加热到露点以上，再加入蒸汽，生成的混合物通过阻火器 2 进入转化器 3。转化器由两部分组成，上部为转化器混合气体在置于薄层银粒构成的催化剂上反应，反应温度 600～650 ℃；下部为列管式废热锅炉 4，热的反应气体在此迅速冷却，以抑制任何不需要的副反应。反应后的气体鼓入吸收塔 5，水作为吸收剂将甲醛吸收，从吸收塔底部得到产品甲醛，尾气放空。

通过适当选择反应条件，可以在高或低的转化率下操作，生产出溶液浓度为 36%～42% 的甲醛和 3%～15% 的甲醇产品，这些溶液如果需要，可以直接使用或进入精馏塔 6 进行提纯。在精馏塔里甲醇离开塔顶，再循环到蒸发器中，而 37%～50% 甲醛和 0.5% 左右甲醇产品由塔底流出。得到的产品里甲酸含量小于 0.01%。

两者相比，银法甲醇单耗较高、水耗和电耗低、生产成本较高、产品中甲醇含量高，但催化剂可再生、投资较低；铁钼法甲醇单耗较小、生产成本较低、产品甲醛浓度高，但水耗和电耗高、催化剂不可再生、催化剂昂贵、投资较高。

3.4.3.2 甲醛的浓缩

制备聚甲醛聚合单体时，需要将甲醛浓缩至 65%～70%，国内常用的甲醛浓缩工艺主要有加压精馏浓缩工艺、减压旋风分离工艺。

加压精馏浓缩工艺主要是提高精馏塔压力,提高甲醛水合物脱水和甲醛挥发的速率差,工艺技术简单,流程短,耗能较少,能一步实现醇醛分离以及稀醛浓缩,但浓缩过程系统中由甲醛氧化产生的甲酸浓度过高,腐蚀设备严重。减压旋风分离工艺是在一定的真空度下,稀甲醛与水的共沸现象消失,达到提高甲醛浓度的目的,工艺流程短,提浓效果明显,甲酸生成量小,设备腐蚀率低,但除醇效果差,需要在浓缩器前增加除醇设备,单套设备能力小,需要同时多套设备。

甲醛浓度是甲醛浓缩工艺控制的重要指标,因技术引进、工程化设计以及生产运行管理原因,使用同样的浓缩方法,国内各生产厂商仅能将甲醛浓缩至58%～65%,而日本宝理公司能将甲醛浓缩至75%以上。据计算,将甲醛浓度提高1%,吨聚甲醛的综合能耗将减少0.7%左右。鉴于此,日本旭化成公司另辟捷径,以甲缩醛为原料,在铁钼氧化物催化剂作用下氧化甲醛溶液,可以制得83% 以上的甲醛,产生的稀甲醛也可循环利用,不需回收处理,能耗最低。

3.4.3.3　聚甲醛生产技术

(1) 均聚甲醛生产技术

均聚甲醛工艺中,首先是50%的甲醛溶液与异辛醇反应,然后裂解得精制甲醛,在阳离子型溶液中发生液相聚合。聚合产物分离并干燥后,再用酰化剂醋酐将端羟基酯化封端,得稳定的聚甲醛。工艺流程如图3-5所示。

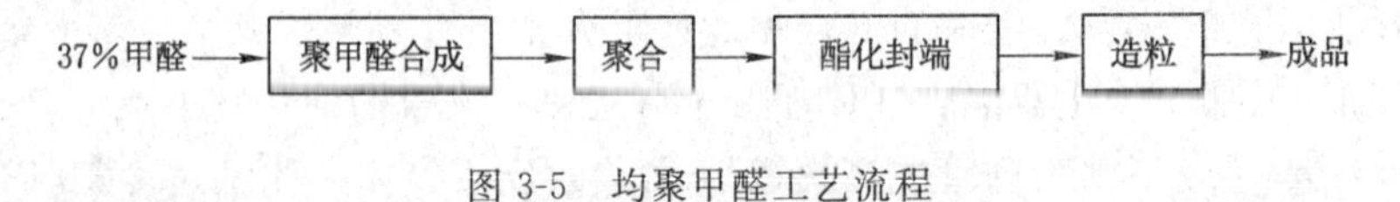

图3-5　均聚甲醛工艺流程

均聚甲醛工艺技术以美国杜邦公司和日本旭化成公司为代表。杜邦公司的工艺是以50% 的甲醛水溶液为原料,先与异辛醇反应生成半缩醛,半缩醛经脱水、热分解得到高浓度的甲醛气体,再经过精制得到聚合用的无水甲醛,将它通入含有阳离子型催化剂(如三氟化硼乙醚络合物)的惰性溶液中进行悬浮聚合,后经过离心分离和干燥得到粗产物,加入乙酸酐进行末端稳定化。日本旭化成公司采用三聚甲醛路线,采用多级短双螺杆反应机组进行聚合,后经过分离、干燥、酯化封端形成稳定化粗产物。均聚甲醛工艺路线由于甲醛提纯工艺复杂和后处理封端技术上的困难,使得均聚产品耐碱性、耐热性差,生产成本较高,近几年来国外一些以均聚法生产的公司,如意大利 SIR 公司、日本旭化成公司将均聚法聚甲醛装置改为共聚法。均聚甲醛制备需要甲醛浓度较高,在精制和聚合过程都存在诸多问题,目前均聚甲醛的生产规模在整个聚甲醛工业中只占20%左右。

(2) 共聚甲醛生产技术

① 共聚甲醛聚合单体的制备

共聚甲醛的聚合单体为三聚甲醛(TOX)。其合成工艺主要为60%以上的浓甲醛溶液在温度95～100 ℃条件下,在酸性催化剂催化下制备三聚甲醛。后经过吸收浓缩、精制达到聚合级。传统方法用浓硫酸做催化剂,其特点是工艺简单、易控制,但也存在着均相反应、单程转化率低、易腐蚀设备、选择性差、产物与催化剂难分离等问题。宝理公司开发的阳离子交换树脂、杂多酸等固体催化工艺,解决了以上问题,但催化剂价格昂贵。因合成反应体系中三聚甲醛平衡浓度低,需要通过一系列分离手段进行提纯。通常用萃取法或结晶法使三聚甲醛和水分离,而后利用多塔精馏方法分离萃取剂、甲醛、有机盐等。萃取法常用的萃取剂为苯,将TOX从水溶液中萃取出来,其工艺简单,能实现连续生产,但萃取剂需要回收,能耗较高。结晶法是用冷冻水将TOX溶液降温至10 ℃左右,使溶液成为含TOX晶体的悬浮液,而后利用离心机分离,其能得到较高的纯度,但工艺复杂,只能间歇生产,产率较低。

国外因甲醛浓度高,在三聚甲醛制备时一次反应转化率接近理论转化率,精制后纯度可达到99.9%以上。国内仅能将三聚甲醛浓度提高到99.0%左右,高含量的杂质造成后续聚合反应副反应多,产生部分杂环、缩醛类化合物,此类物质又随着未参加反应的三聚甲醛回到三聚甲醛精制工段,因这部分低分子环氧化合物移除困难,在系统中不断地产生和循环,造成恶性循环,影响生产装置的长周期运行。

② 共聚甲醛共聚单体的制备

能与三聚甲醛发生开环聚合的共聚单体有环醚、环状缩醛、内酯、乙烯基类单体、环状酸酐类化合物等。其中环氧化合物和环状缩醛化合物共聚性能最好,如环氧乙烷、二氧五环、1,3-二氧庚环和1,3,6,-三氧辛环,工业上大多数选择二氧五环作为共聚单体来生成聚甲醛树脂。二氧五环(DOX)是由60%浓缩甲醛溶液和乙二醇,通过浓硫酸催化反应生成粗产物。DOX提浓精制方法有萃取法、盐析法。萃取法工艺是使用45%的NaOH进行萃取获得98%DOX溶液,再通过多塔精馏脱除重沸物和轻沸物得到高纯度DOX(99.99%),其工艺为连续生产,流程简单,副产的碱液可以外卖或当作污水处理中和剂,是DOX分离的主流技术。盐析法主要利用氯化钠或氯化钙的盐析作用进行脱水,得到99%左右的DOX溶液。但因工艺属于间歇生产,因此不常用。

③ 共聚甲醛的合成

本体聚合法则是将原料三聚甲醛、二氧五环与三氟化硼—乙醚络合物混合后,通入双螺杆反应器中,完成反应后即得粒状共聚甲醛。目前国内外厂商一般均采用本体聚合法，该工艺的优势体现在转化率相对较高，工艺比较简单。工艺流程如图 3-6 所示。

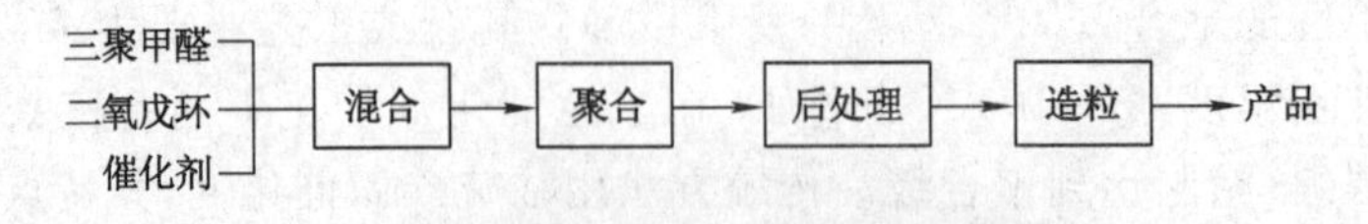

图 3-6　共聚甲醛工艺流程

共聚甲醛以美国塞拉尼斯公司的生产工艺为代表，其工艺过程将 TOX 与少量共聚单体 DOX 或环氧乙烷在路易斯酸存在下，在螺杆捏合机中进行开环聚合生成粗聚合物。聚甲醛合成引发剂的种类和用量可以直接影响聚合反应速率、单体转化率、聚合物的相对分子质量、产品热稳定性。早期使用的引发剂为质子酸类，质子酸类引发剂的诱导期非常短，引发过快造成反应瞬间放热量大，聚合物热裂解严重，反应控制性差。新型的氢化蒙脱土硅酸盐作为引发剂时聚合温度较低，反应容易控制，而且该引发剂无毒，可以再生，是引发剂发展的新方向。

路易斯酸类的 BF_3 及其乙醚/丁醚的络合物引发的聚合反应温度适中，反应速率合适，反应后容易与产物分离。采用高压气态 BF_3 引发聚合，聚合反应的诱导期短，引发速度快，链增长快，相对分子质量分布宽，产生的不稳定组分多，单体回收能耗高。采用 BF_3—乙醚/丁醚络合物有利于抑制 BF_3 活性，延长聚合反应的诱导期，在诱导期内无聚甲醛生成，仅有少量低聚物形成和气态甲醛的释放，从而使阳离子活性中心与聚合单体得到充分的混合接触，聚合反应的转化率提高，相对分子质量分布均匀，产生的不稳定组分少，转化率可以达到 90%。

对于聚合反应来说，转化率高可以降低能耗，但高转化率也会伴随着产品相对分子质量分布不均。目前对聚甲醛聚合机理观点不统一，且都缺乏实验数据支持，国内各生产厂商对聚合反应的控制还不理想。国内各工厂一般将转化率控制在 65%～75%，而宝理、塞拉尼斯可在保证相对分子质量分布均匀的条件下把转化率提高至 80%～90%。对聚合产品来说，控制产品质量的相对分子质量引发剂纯度、TOX 浓度、杂质含量、反应温度、共聚单体量、反应终止剂都对产品相对分子质量分布有影响。而以上则涉及专有技术、生产控制精细程度、成本等诸多影响因素。

(3) 聚甲醛的后处理

均聚甲醛分子链末端基团为半缩醛基，加热容易发生链式解聚反应。为了除去末端不稳定基团，提高均聚甲醛的稳定性，可将末端羟基通过酯化、醚化、氨基甲酸酯化进行基团转化处理。其中,醚化剂容易引起均聚甲醛分解,氨基甲酸酯化剂容易引起均聚甲醛色度变黄,因此常用酯化处理的方法提高均聚甲醛稳定性。均聚甲醛稳定化处理过程中常采用的酯化剂是高纯度的乙酸酐,为提高酯化效率,在酯化处理时往往使用胺类或碱金属盐做反应催化剂,如乙酸钠、碳酸钠等。酯化过程是:聚合反应结束后在溶媒中的淤浆状态下,将乙酸酐的蒸气和均聚甲醛粉末直接接触,利用气相反应进行酯化封端;或将聚合物粉料经水煮、洗涤、干燥后在酯化釜内添加乙酸酐并利用熔融反应进行酯化处理,使分子末端形成稳定半缩醛基转化为稳定的乙酰基。得到的稳定粉料与抗氧化剂、稳定剂、润滑剂以及其他改性助剂混配后进行熔融混炼和挤出造粒,制成颗粒状树脂。

共聚甲醛生产过程中使用了共聚单体和醚类的相对分子质量调节剂,分子链末端基团除了不稳定的半缩醛基,大量分子端链为稳定的烷羟基、醚基,因此热稳定性远远超过均聚甲醛。在聚合反应后采取在聚甲醛粉料或浆料中加入三乙基胺、三乙醇胺等溶液,与引发剂三氟化硼形成高度稳定的配位络合物,防止共聚甲醛粗产物发生酸解。国内各家都采用热熔封端方法,即聚甲醛粗产品在螺杆挤出机中于 230 ℃的高温下进行熔融,不稳定的半缩醛基受热裂解生成烷羟基,从而达到稳定化。同时,在螺杆挤出机中加入抗氧化剂、稳定剂、润滑剂、甲醛吸收剂以及其他改性助剂混配后进行熔融混炼和挤出造粒,制成颗粒状树脂。采用热熔封端虽然彻底消除了不稳定的端基,但因在熔融过程中甲醛释放较大,产品表面甲醛含量超高,产品熔融指数也会变化,造成质量均匀性不好。

3.4.3.4 工艺优化建议

国内各厂家虽然都采用了热封端技术,但产品质量稳定性不高,在低端市场竞争激烈。各家产品稳定性不高的实质并非内在质量缺陷,而是不同批次间产品质量差异较大,因此,不代表国产聚甲醛不能应用于高端领域。针对此问题,国内各生产商应以缩小产品质量差距为目标,调整工艺,生产质量均匀的基础料(以熔融流动速率 MI±0.2 为标准)。此外,还应以市场实际需求为导向,生产具有实际使用价值的改性料,诸如生产低甲醛释放改性料用于电子行业,低熔融指数(MI=6)改性料用于板材棒材料,抗紫外改性料用于灌溉领域等。

国内各生产厂商应该对聚甲醛装置进行工艺诊断,对引进技术或设计中存在的问题进行局部改造,重点通过以下措施降低综合能耗,解决影响产品质量和生产成本的问题:① 优化甲醛浓缩工艺,通过多次旋风分离工艺将甲醛浓度提高至 70% 以上;② 通过将三聚甲醛反应间歇排酸优化为连续排酸,将三聚甲醛一次转化率提高至 20% 左右,增加三聚甲醛系统长周期运行时间;③ 控制系统甲酸含量,降低管道及设备的腐蚀速率;④ 采用高纯度的引发剂,加强工艺指标控制，在保证质量的前提下提高聚合反应转化率。

聚甲醛基料的产品质量与聚合单体TOX的品质息息相关，国内各家生产商应以控制TOX品质为目标，进行技术攻关，提高生产装置运行水平，生产质量均匀的聚甲醛基料。

3.5 压缩机制造工艺实习

流体机械是过程装备中的动设备，它的许多结构和零部件在高速地运动着，并与其中不断流动着的流体发生相互作用，因而它比过程装备中的静设备、管道、工具和仪器仪表等重要得多、复杂得多，对这些流体机械所实施的控制也复杂得多。

通过本环节的现场实习，以压缩机为例，了解过程流体机械的生产和加工方法、主要零部件的形式特点。同时认识和了解各类机加工设备的加工特点和加工能力。

3.5.1 示范实习基地简介

江苏恒久机械有限公司，具有100多年的历史，是淮海地区久负盛名的军工企业。其前身是1905年至1916年法国、比利时在中国投资修建陇海铁路时成立的徐州陇海铁路机务段，1951年由中国人民解放军铁道兵接收改建为铁道兵第一机械厂，1962年改名为中国人民解放军第六四一四工厂，1984年兵改工后并入铁道部改为铁道部工程指挥部徐州机械厂，1995年正式更名为中国铁道建筑总公司徐州机械总厂，隶属国资委部属企业。2008年作为国资委首批改制企业，中国铁道建筑总公司徐州机械总厂改制成立江苏恒久机械有限公司，注册资金为1 844万美元。恒久机械具有50年压缩机生产历史，1960年第一台132 kW活塞式压缩机研制成功，并开始服务于中国人民解放军铁道兵的国防建设之中。1984年开始生产隔膜式压缩机，到目前为止，已经形成五大系列、上百个型号的膜压机产品，排气量从几立方到上千立方，排气压力最高可达40 MPa，覆盖面广，服务于化工、军工、气体、加工制造、能源、航空等行业。企业具有机械加工、钣金制作、热处理、焊接、装配试验等生产加工能力和较为配套齐全的技术检测设备。

3.5.2 实习内容

(1) 机械加工车间实习

了解常用的机械加工手段，了解工程材料的加工、制造流程。生产车间如图3-7所示。

图 3-7 生产车间

机械制造工艺过程主要包括：毛坯和零件成型、机械加工、材料改性与处理、机械装配等步骤。

车铣刨磨是机械加工的四种基本加工方式，是零部件加工较为重要的部分，主要完成对零件的加工，使之可用于机械及设备的装配。包括车削加工、铣削加工、刨削加工、磨削加工，不同零件所需的加工方式不同，如轴类零件一般只需要车削加工，但有的零件则需使用其中两到三种以上加工方可完成零件的加工。

车工是指车床加工，车床加工是机械加工的一部分。车床加工主要有两种加工形式：一种是把车刀固定，加工旋转中未成形的工件；另一种是将工件固定，通过高速运转的车刀，进行精度加工。在车床上还可用钻头、扩孔钻、铰刀、丝锥、板牙和滚花工具等进行相应的加工。车床主要用于加工轴、盘、套和其他具有回转表面的工件，是机械制造和修配工厂中使用最广的一类机床加工。

铣工主要应用于使用铣床加工各种形状的工件，如齿轮的齿面、零件的键槽等，在制造业中是很重要的工种，特别是工具零件复杂的加工工序、齿轮、花键、涡轮等成形都是主要依靠铣工来完成的，工具模具更是离不开铣工的参与。铣床是用铣刀对工件进行铣削加工的机床。在铣床上可以加工平面(水平面、垂直面)、沟槽(键槽、T 形槽、燕尾槽等)、分齿零件齿轮、花键轴、链轮乖、螺旋形表面(螺纹、螺旋槽)及各种曲面。此外，还可用于对回转体表面、内孔加工及进行切断工作等。铣床在工作时，工件装在工作台上或分度头等附件上，铣刀旋转为主运动，辅以工作台或铣头的进给运动，工件即可获得所需的加工表面。由于是多刀断续切削，因而铣床的生产率较高。铣床除能铣削平面、沟槽、轮齿、螺纹和花键轴外，还能加工比较复杂的型面，效率较刨床高，在机械制造和修理部门得到广泛应用。

刨床是用刨刀对工件的平面、沟槽或成形表面进行刨削的机床。刨床是使刀具和工件之间产生相对的直线往复运动来达到刨削工件表面的目的。往复运动是刨床上的主运动。机床除了有主运动以外，还有辅助运动，也叫进刀运动，刨床的进刀运动是工作台(或刨刀)的间歇移动。在刨床上可以刨削水平面、垂直面、斜面、曲面、台阶面、燕尾形工件、T形槽、V形槽,也可以刨削孔、齿轮和齿条等。如果对刨床进行适当的改装,那么,刨床的适应范围还可以扩大。用刨床刨削窄长表面时具有较高的效率,它适用于中小批量生产和维修车间。使用刨床加工,刀具较简单,但生产率较低(加工长而窄的平面除外),因而主要用于单件,小批量生产及机修车间,在大批量生产中往往被铣床所代替。

磨床是利用磨具对工件表面进行磨削加工的机床。大多数的磨床是使用高速旋转的砂轮进行磨削加工,少数的是使用油石、砂带等其他磨具和游离磨料进行加工,如珩磨机、超精加工机床、砂带磨床、研磨机和抛光机等。

数控机床的加工过程是将所需的多个操作步骤(如机床的启动或停止、主轴的变速、工件的加紧或松开、刀具的选择和交换、切削液的开或关等)和刀具与工件之间的相对位移以及进给速度等都用数字化的代码来表示,按规定编号写零件加工程序并送入数控系统,经分析处理与计算后发出相应的指令控制机床的伺服系统或其他执行元件,使机床自动加工出所需要的工件。数控机床示意图如图3-8所示。

图3-8 数控机床

(2) 压缩机车间实习

了解压缩机的工作原理、零部件及装配。

以江苏恒久机械有限公司拳头产品隔膜式压缩机为例。

隔膜式压缩机是一种特殊结构的容积式压缩机,是一种只允许微量泄露或不允许泄露的气体压缩专用设备(见图3-9)。普通活塞式压缩机与隔膜式压缩机之间的区别在于各自的压缩方式和密封方式不同。活塞式压缩机使用运动活塞压缩气体，活塞以活塞环作为动态气体密封，但活塞环密封并不是不漏的。隔膜式压缩机也使用带活塞环的活塞，但活塞推动的是一定体积的液压油，由液压油使一组膜片上下弯曲，从而压缩气体，由于压缩过程仅涉及静密封，所以没有通过动密封的气体泄漏，密封性能非常好，从而广泛应用于压缩输送各种高纯气体（一般能达到99.999%的纯度）、贵重稀有气体、有毒有害气体和腐蚀性气体，主要应用于核电核能、食品医药、石油化工、电子工业、材料工业、国防军工和科学试验等行业部门。

图 3-9　隔膜式压缩机

隔膜式压缩机系统包括液压油系统和气体压缩系统，金属膜片将两个体系完全隔离开。气体压缩系统包括三层金属膜片和气体进口和出口阀。液压油系统包括一个由电机驱动的曲轴、活塞和连杆，通过活塞往复运动，产生液压油压力，推动底层膜片向气体侧运动，从而压缩气体将气体排出。液压系统的另一个组件是自动液压油注射泵、液压油止回阀和液压油压力控制阀，保证液压油系统在压缩循环过程中一直处于充满液压油状态，同时在压缩机长时间停机并重新启动时，为液压油系统提供快速的液压油填充。在压缩过程中，液压油止回阀将液压油和注射油泵隔离开，防止液压油回流，同时压力控制阀控制液压油压力，从而形成液压油系统的压力 。

隔膜式压缩机的工作原理简图如图 3-10 所示。

当活塞处于最底部时，液压系统被自动注射油泵注入液压油，气体在入口压下通过入口进气阀进入膜腔，把膜片推动到膜腔的底部，膜腔充满气体，当曲轴旋转，活塞从底部向顶部移动，液压油系统压力升高，当液压油压力达到压缩气体压力时，膜片向腔体的顶部移动，压缩气体。

当膜腔内的气体压力达到排气阀背压时，排气阀打开，气体排出，液压系统压力继续增加，膜片继续向顶部移动，确保最大气体最大排量，当膜片已经完全

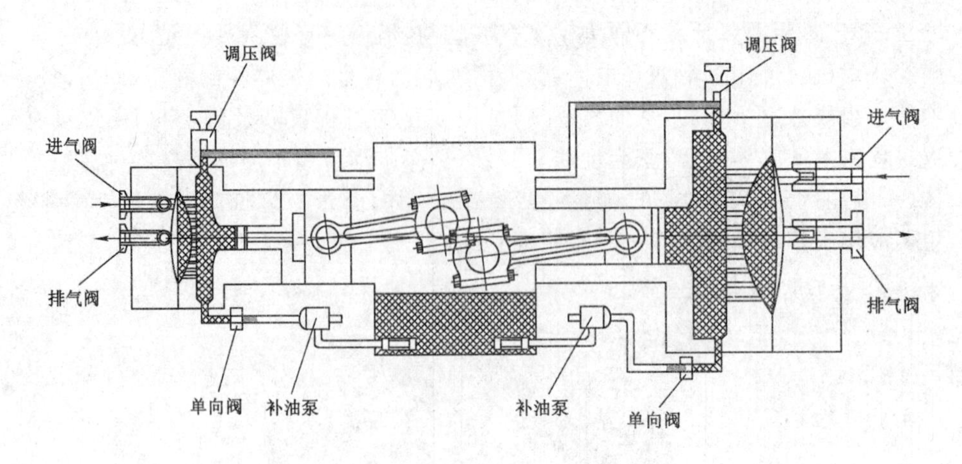

图 3-10　隔膜式压缩机工作原理示意图

地进入腔体顶部，活塞继续运动到最顶部，此时，通过液压油压力打开液压油压力控制阀（液压阀），液压油返回曲轴箱，液压油压力控制阀的设定压力比出口压力高，因此可保证气体的出口压力达到设计值，此时，压缩循环完成，活塞开始向底部移动。当活塞向底部移动时，余隙气体和吸入气体推动膜片组朝向腔体的底部运行，整个循环完成。

(3) 测试车间实习

了解压缩机性能测试、参数监测的方式、流程。

压缩机测量参数主要包括温度、压力、流量、液位、转速、功率、振动、噪声等。

① 温度

温度是压缩机测量中最常见最基本的工艺参数之一。在压缩机及其系统中，温度测量的对象主要包括被压缩气体的温度、润滑油油温、冷却水水温、填料函温度、主轴承温度、主电机轴承温度及定子线圈温度等。

测量温度的方法从感受温度的途径来分有两种：一类是接触式的，即通过测温元件与被测物体的接触而感知物体的温度；另一类是非接触式的，即通过接收被测物体发出的辐射热来判断温度。常见的接触式测温仪表有：膨胀式温度计、压力式温度计、电阻式温度计、热电偶温度计。

② 压力

压力是压缩机设计中的重要参数。不但压力本身是表征流体流动过程的重要参数，而且流速、流量等参数的测量也往往转换为压力测量问题。在压缩机及其系统中，压力测量的对象主要包括被压缩气体的压力、润滑油油压、冷却水水压等。根据工作原理，目前所采用的压力指示仪器主要有液柱式、弹性式、活塞式、电气式和电子式等。压力变送器是将弹性元件受压输出的位移或力等信号变成标准电信号的变换装置，常用的压力测量仪表有霍尔片式远传压力表、应变片式远传压力表、电容式远传压力表、差动式电感压力传感器。

③ 流量

流量表征了机组在单位时间内生产压缩气体的多少，流量可以采用质量流量(kg/s)表示，也可以用体积流量(m^3/s)表示。

流量测量方法分为直接测量和间接测量两种。直接测量就是同时测出流体质量(或体积)和所用时间。间接测量主要是测出与流量有关的物理量(如压差)，再换算成流量。工程上除了小流量有时用直接测量外，大多采用间接测量方法。间接测量方法常用的工具有：差压流量计、转子流量计、涡轮流量计。

④ 液位

压缩机组中需要测量的液位有主油箱润滑油液位、注油器油箱液位、中间分液罐凝液液位及填料漏气收集罐液位。常用的液位计有玻璃液位计、浮力式液位计和差压式液位计，液位变送器和液位开关可以对液位信号进行远传，它是利用传感器将液位信号转换成电压或电流信号。

⑤ 转速

测定压缩机的排气量时，若实际转速与设计转速不同，则需按照转速比修正。转速直接影响着机组的机械强度、振动及零部件的磨损情况。

转速是指单位时间内被测轴旋转的圈数，以每分钟的转数(r/min)表示。按照测量工作原理，转速测量仪表大致可以分为模拟式、记数式和闪频式等。

⑥ 功率

测量压缩机的功率一般采用以下方法：

a. 用测得的指示功乘以转速，再除以机械效率。

b. 用测量转矩和转速的方法，直接测量压缩机的轴功率。

c. 当为电动机驱动压缩机时，测量电动机的输入功率(用两瓦计法得到)，乘以电动机效率、传动效率等，便可得到压缩机的轴功率。

d. 对于透平压缩机，可采用热平衡的方法间接确定其功率。

e. 当为内燃机驱动压缩机时，可通过测量内燃机油耗的方法获得其功率。

转矩可以通过扭力架测功法或扭力测功法来测量。转矩测量仪由转矩传感器和数字显示仪表组成。转矩传感器利用转轴受扭后产生的弹性变形来测量转矩的大小。对于大型往复式压缩机，一般通过在高电压回路中测量电压和电流来测量压缩机的轴功率。

⑦ 振动

振动测量的目的在于测试压缩机装置的运转是否平稳，分析和解决与振动有关的故障等。各类型压缩机在出厂前的机械试运转及在现场安装之后的试车阶段，都必须对机械的振动量进行检验。

描述振动的三个主要参量是振幅、频率和相位。振动测量有两种：一种是测量随时间变化的位移、速度和加速度的直线振动值及其频率；另一种是测量随时间变化的角度、角速度和角加速度的扭转振动值及其频率。常用的振动测量方法有机械测量、电测量、光学测量等。

⑧ 噪声

压缩机的噪声性能也是一项重要指标。压缩机的噪声主要由空气动力性噪声和机械噪声组成。空气动力性噪声是由气体振动产生的，是压缩机噪声的主要来源。机械噪声是由固体振动产生的。

噪声是由不同频率的各种声音组成的。表征噪声的基本物理量有声压、声功率和声强。在噪声研究中还采用声压级、声功率级和声强级的概念。

噪声测量主要是声压级测量，通常将声压传感器信号转换成电信号后放大显示。常用的有声级计、频谱分析仪器和声级记录仪等。

3.6 钢结构制造工艺实习

以钢结构制造工艺为例，了解钢架结构制作的关键工艺流程及设备。示范实习基地为江苏恒久机械有限公司。钢结构加工制作的工艺流程一般来说主要包括以下几个内容。

(1) 样杆、样板的制作

样杆一般用铁皮或扁铁制作，当长度较短时可用木尺杆。样板可采用厚度0.50～0.75 mm的铁皮或塑料板制作。样杆、样板应注明工号、图号、零件号、数量及加工边、坡口部位、弯折线和弯折方向、孔径和滚圆半径等。样杆、样板应妥善保存，直至工程结束后方可销毁。

(2) 号料

核对钢材规格、材质、批号，并应清除钢板表面油污、泥土及脏物。号料方法有集中号料法、套料法、统计计算法、余料统一号料法四种。

若表面质量满足不了质量要求，钢材应进行矫正，钢材和零件的矫正应采用平板机或型材矫直机进行，较厚钢板也可用压力机或火焰加热进行，逐渐取消用手工锤击的矫正法。碳素结构钢在环境温度低于－16 ℃、低合金结构钢在环境温度低于－12 ℃时，不应进行冷矫正和冷弯曲。

矫正后的钢材表面，不应有明显的凹面和损伤，表面划痕深度不得大于0.5 mm，且不应大于该钢材厚度负允许偏差的1/2。

(3) 划线

利用加工制作图、样杆、样板及钢卷尺或者自动划线机进行划线。

① 划线作业场地要在不直接受日光及外界气温影响的室内,最好是开阔、明亮的场所。

② 用划针划线比用墨尺及划线用绳的划线精度高。划针可用砂轮磨尖,粗细度可达 0.3 mm 左右。当进行下料部分划线时要考虑剪切余量、切削余量。

(4) 切割

钢材的切割包括气割、等离子切割类高温热源的方法,也有使用剪切、切削、摩擦热等机械力的方法。要考虑切割能力、切割精度、切剖面的质量及经济性。

钢板切割方法有剪切、冲裁锯切、气割等。施工中采用哪种方法应该根据具体要求和实际条件来选用。切割后的钢板不得有分层,断面上不得有裂纹,应清除切口处的毛刺、熔渣和飞溅物。目前,常用的切割方法有机械切割、气割、等离子切割三种。各种切割方法分类及比较如表 3-2 所列。

表 3-2　　各种切割方法分类及比较

类别	使用设备	特点及适用范围
机械切割	剪板机、型钢冲剪机	切割速度快,切口整齐,效率高,适用于薄钢板、压型钢板等的切割
	无齿锯	切割速度快,可切割不同形状、不同尺寸的各类型钢、钢管和钢板。切口不光洁,噪音大,适合锯切精度要求低的构件
	砂轮锯	切口光滑,毛刺较薄易消除。噪音大,粉尘多,适合切割薄壁型钢及小型钢管,切割厚度不超过 4 mm
	锯　床	切割精度高,适合切割各类型钢、梁及柱等钢构件
气割	自动切割	切割精度高,速度快,在其数控气割时可省去放样、划线等工序而直接切割,适用于钢板切割
	手动切割	设备简单,操作方便,费用低,切口精度低,能够切割各种厚度的钢材
等离子切割	等离子切割机	气割温度高,冲刷力大,切割边质量好,变形小,可以切割任何高熔点金属,特别是不锈钢、铝、铜及其合金等

(5) 边缘加工和端部加工

方法主要有:铲边、刨边、铣边、碳弧气刨、气割和坡口机加工等。

铲边:有手工铲边和机械铲边两种。铲边后的棱角垂直误差不得超过弦长的 1/3 000,且不得大于 2 mm。

刨边:使用的设备是刨边机。刨边加工有刨直边和刨斜边两种。一般的刨边加工余量 2～4 mm。

铣边:使用的设备是铣边机。工效高,能耗少。

碳弧气刨:使用的设备是气刨枪。效率高,无噪音,灵活方便。

坡口加工:一般可用气体加工和机械加工,在特殊的情况下采用手动气体切割的方法,但必须进行事后处理,如打磨等。现在坡口加工专用机已开始普及,最近又出现了 H 型钢坡口及弧形坡口的专用机械,效率高、精度高。焊接质量与坡口加工的精度有直接关系,如果坡口表面粗糙有尖锐且深的缺口,就容易在焊接时产生不熔部位,将在事后产生焊接裂缝。又如,在坡口表面黏附油污,焊接时就会产生气孔和裂缝,因此要重视坡口质量。

(6) 制孔

在焊接结构中,不可避免地将会产生焊接收缩和变形,因此在制作过程中,把握好什么时候开孔将在很大程度上影响产品精度。特别是对于柱及梁的工程现场连接部位的孔群尺寸精度直接影响钢结构安装的精度,因此把握好开孔的时间是十分重要的,一般有四种情况:

第一种,在构件加工时顶先划上孔位,待拼装、焊接及变形矫正完成后,再划线确认进行打孔加工。

第二种,在构件一端先进行打孔加工,待拼装、焊接及变形矫正完成后,再对另一端进行打孔加工。

第三种,待构件焊接及变形矫正后,对端面进行精加工,然后以精加工面为基准,划线、打孔。

第四种,在划线时,考虑了焊接收缩量、变形的余量、允许公差等,直接进行打孔。

机械打孔,有电钻及风钻、立式钻床、摇臂钻床、桁式摇臂钻床、多轴钻床、NC 开孔机。

气体开孔,最简单的方法是在气割喷嘴上安装一个简单的附属装置,可打出 ϕ30 mm 的孔。

钻模和板叠套钻制孔,这是目前国内尚未流行的一种制孔方法,应用夹具固定,钻套应采用碳素钢或合金钢,如 T8、GCr13、GCr15 等制作,热处理后钻套硬度应高于钻头硬度 HRC2～3。钻模板上下两平面应平行,其偏差不得大于 0.2 mm,钻孔套中心与钻模板平面应保持垂直,其偏差不得大于 0.15 mm,整体钻模制作允许偏差符合有关规定。

数控钻孔,近年来数控钻孔的发展更新了传统的钻孔方法,无须在工件上划线,打样冲眼整个加工过程自动进行,高速数控定位,钻头行程数字控制,钻孔效率高,精度高。

制孔后应用磨光机清除孔边毛刺，并不得损伤母材。

(7) 组装

钢结构组装的方法包括地样法、仿形复制装配法、立装法、卧装法、胎模装配法。

① 地样法

用1∶1的比例在装配平台上放置构件实样，然后根据零件在实样上的位置，分别组装起来成为构件。此装配方法适用于桁架、构架等小批量结构的组装。

② 仿形复制装配法

先用地样法组装成单面(单片)的结构，然后定位点焊牢固，将其翻身，作为复制胎模，在其上面装配另一单面结构，往返两次组装。此种装配方法适用于横断面互为对称的桁架结构。

③ 立装法

根据构件的特点及其零件的稳定位置，选择自上而下或自下而上的顺序装配。此装配方法适用于放置平稳、高度不大的结构或者大直径的圆筒。

④ 卧装法

将构件放置于卧的位置进行装配。此装配方法适用于断面不大但长度较大的细长构件。

⑤ 胎模装配法

将构件的零件用胎模定位在其装配位置上的组装方法。此种装配方法适用于制造构件批量大、精度高的产品。

拼装必须按工艺要求的次序进行，当有隐蔽焊缝时，必须先予施焊，经检验合格方可覆盖。为减少变形，尽量采用小件组焊，经矫正后再大件组装。

组装的零件、部件应经检查合格，零件、部件连接接触面和沿焊缝边缘约30～50 mm范围内的铁锈、毛刺、污垢、冰雪、油迹等应清除干净。

板材、型材的拼接应在组装前进行；构件的组装应在部件组装、焊接、矫正后进行，以便减少构件的残余应力，保证产品的制作质量。构件的隐蔽部位应提前进行涂装。

钢构件组装的允许偏差见《钢结构工程施工质量验收规范》(GB 50205—2001)有关规定。

(8) 摩擦面的处理

高强度螺栓摩擦面处理后的抗滑移系数值应符合设计的要求(一般为0.45～0.55)。摩擦面的处理可采用喷砂、喷丸、酸洗、砂轮打磨等方法，一般应按设计要求进行，设计无要求时施工单位可采用适当的方法进行施工。采用砂轮打磨处理摩擦面时，打磨范围不应小于螺栓孔径的4倍，打磨方向宜与构件受力方向垂直。高强度螺栓的摩擦连接面不得涂装，高强度螺栓安装完后，应将连接板周围封闭，再进行涂装。

(9) 涂装、编号

涂装环境温度应符合涂料产品说明书的规定，无规定时，环境温度应在5～38 ℃之间，相对湿度不应大于85%，构件表面没有结露和油污等，涂装后4 h内应保护免受淋雨。

钢构件表面的除锈方法和除锈等级应符合规范的规定，其质量要求应符合《涂装前钢材表面锈蚀等级和除锈等级》(GB/T 8923.1—2011)的规定。构件表面除锈方法和除锈等级应与设计采用的涂料相适应。

施工图中注明不涂装的部位和安装焊缝处的30～50 mm宽范围内以及高强度螺栓摩擦连接面不得涂装。涂料、涂装遍数、涂层厚度均应符合设计的要求。

构件涂装后，应按设计图纸进行编号，编号的位置应符合便于堆放、便于安装、便于检查的原则。对于大型或重要的构件还应标注重量、重心、吊装位置和定位标记等记号。编号的汇总资料与运输文件、施工组织设计的文件、质检文件等统一起来，编号可在竣工验收后加以复涂。

3.7 锅炉制造工艺实习

3.7.1 实习目的与要求

(1) 了解锅炉等压力容器的用途、工作原理、类型及主要结构特点；

(2) 了解锅炉制造、检验的主要方法与工艺流程；

(3) 了解典型压力容器加工工艺设备的名称、用途与工作原理。

3.7.2 实习内容

锅炉在国民经济中具有重要的地位，它是火力发电厂三大主机之一，同时也是机械冶金、化工、纺织、造纸、食品等工业生产工艺的供汽、供热设备。

3.7.2.1 锅炉系统的组成及工作过程简介

锅炉是生产蒸汽和热水的高温高压换热设备，一般由汽锅和炉子两部分组成，燃煤锅炉主要由燃料制备系统(制粉系统)、烟风系统、汽水系统和控制系统等组成。电站燃煤锅炉工作系统流程简图如图3-11所示。

(1) 燃料制备系统

原煤由原煤仓依次经过煤闸门、电磁铁、电子秤、给煤机，经下行干燥管进入

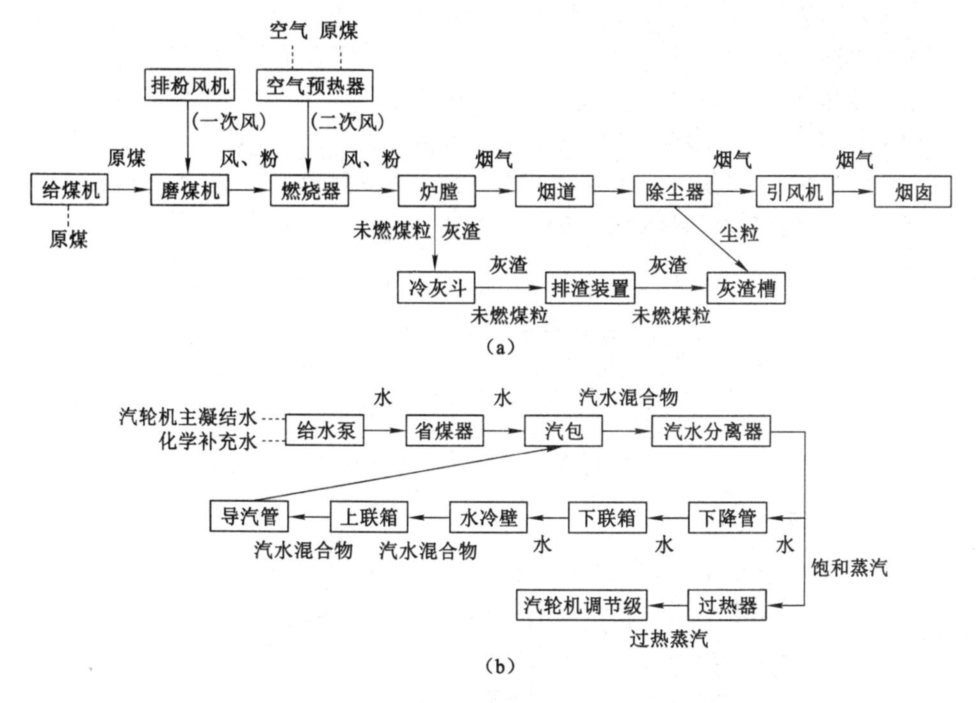

图 3-11 电站燃煤锅炉工作系统流程简图

(a) 燃煤、烟风系统;(b) 汽水系统

磨煤机,经过磨煤机将其磨制成一定细度的煤粉,再引用一次风(排粉风机送入的热风)干燥、混合成气粉混合物,然后被输送到燃烧器喷入炉膛着火燃烧。

(2) 烟风系统

送风机将冷空气送入空气预热器加热,再将加热后的热空气分别送至排粉风机、燃烧器。其中排粉风机将热风(一次风)送入磨煤机,干燥煤粉,同时将干燥的煤粉输送到燃烧器喷入炉膛着火燃烧。热风由燃烧器引入炉膛,提供煤粉完全燃烧所需要的空气量(二次风)。煤粉在炉内着火后,与空气混合燃烧产生火焰和高温烟气(燃烧中心烟温高达 1 400～1 500 ℃),同时辐射放热被炉膛辐射受热面(水冷壁)吸热冷却,至炉膛出口处铂冷却至 1 000～1 100 ℃。高温烟气离开炉膛依次流经屏式过热器(辐射式过热器)、对流过热器高温段、对流过热器低温段、再热器、省煤器、再生式空气预热器(烟气侧)与其受热面进行对流换热,经过静电除尘器除尘、脱硫装置脱硫后,由引风机抽吸至烟囱排出。

(3) 汽水系统

锅炉的给水来自汽轮机车间的给水回热加热系统,经过低压加热器、除氧器、除氧水再经过给水泵加压送入高压加热器加热,然后送入锅炉。锅炉给水进入省煤器加热，引入锅汽包与锅水混合。锅水由下降管进入水冷壁下集箱，再由下集箱将锅水均匀分布给每根水冷壁管(上升管)。锅水在水冷壁管内吸收炉内辐射换热热量，锅水被加热、蒸发汽化形成汽水混合物，汽水混合物进入汽包，经过汽水分离后形成干饱和蒸汽。干饱和蒸汽由汽包上方引入炉顶顶棚过热器及后包墙管过热器，再依次流经低温对流过热器、屏式过热器(辐射式过热器)，最后经高温对流过热器加热到额定的蒸汽参数，如图 3-12 所示。

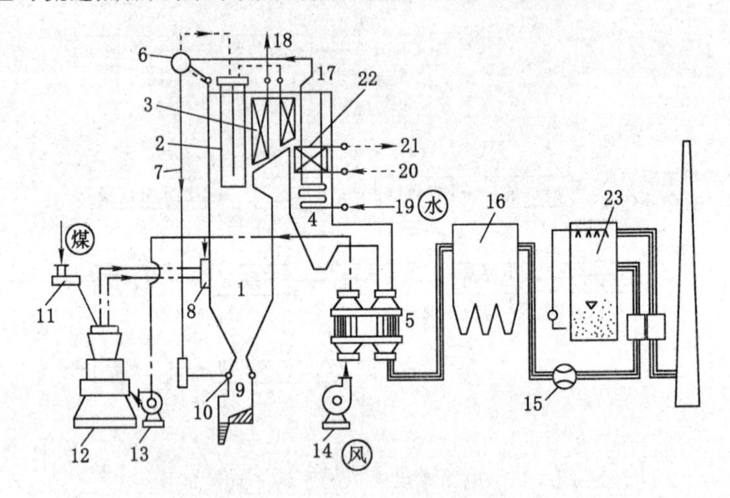

图 3-12　锅炉工作过程示意图

1——水冷壁；2——屏式过热器；3——对流式过热器；4——省煤器；5——空气预热器；6——汽包；7——下降管；8——燃烧器；9——排渣装置；10——水冷壁下集箱；11——给煤机；12——磨煤机；13——排粉机；14——送风机；15——引风机；16——静电除尘器；17——省煤器出口；18——过热蒸汽；19——给水；20——再热蒸汽进口；21——再热蒸汽出口；22——再热器；23——脱硫装置

3.7.2.2　锅炉的型号及表示方法

工业锅炉型号由三部分组成，各部分之间用短横线相连。

AAA××—×××/×××—×

(1)　　　(2)　　　(3)

第一部分表示锅炉型式、燃烧方式和蒸发量，共分三段。第一段用两个汉语拼音字母代表锅炉本体型式；第二段用一个汉语拼音代表燃烧方式；第三段用阿拉伯数字表示蒸发量。

第二部分表示蒸汽(或热水)参数，共分两段，中间用斜线分开。第一段用阿拉伯数字表示额定蒸汽压力或允许工作压力温度。第二段用阿拉伯数字表示过热蒸汽(或热水)温度

第三部分表示燃料种类,以拼音字母和罗马数字分别代表燃料类别和分类。

例如

SHL10—1.3—AⅡ:表示双锅筒横置(SH)式链条炉排(L)锅炉,额定蒸发量10 t/h,额定压力为1.3 MPa(表压力,下同),出口蒸汽温度为饱和温度,燃用Ⅱ类烟煤(AⅡ)。

QXS120—0.8/130/80—Y:表示强制循环(QX)室燃(S)锅炉,额定热功率为120 MW,允许工作压力为0.8 MPa,出水温度为130 ℃,进水温度为80 ℃,燃料为油(Y)。

DHS65—3.9/435—WⅡ:表示单锅筒横置(DH)室燃(S)锅炉,额定蒸发量为65 t/h,额定压力为3.9 MPa,出口蒸汽温度为435 ℃,燃用Ⅱ类无烟煤(WⅡ)。

电站锅炉型号通常用一组规定的符号和数字来表示。它反映锅炉产品的制造厂家、容量大小、参数高低、性能和规格等。国产电站锅炉型号一般表示方式如下:

AA—×××/×××—×××/×××—×

第一组为符号,是锅炉制造厂家的汉语拼音缩写。如HG—哈尔滨锅炉厂,SG—上海锅炉厂,DG—东方锅炉厂,WG—武汉锅炉厂,BG—北京锅炉厂等。

第二组为数字。斜线前为锅炉容量,单位为t/h,斜线后为锅炉出口过热蒸汽压力,单位为MPa。

第三组也是数字。斜线前后分别表示过热蒸汽和再热蒸汽出口温度,单位为℃。

最后一组中,符号表示燃料代号,而数字表示设计序号。煤、油、气的燃料代号分别是M、Y、Q。其他燃料代号是T。

例如HG—1000/16.7—540/540—M8表示哈尔滨锅炉厂制造,锅炉容量为1 000 t/h,其过热蒸汽压力为16.7 MPa,过热蒸汽和再热蒸汽出口温度均为540 ℃,设计燃料为煤,设计序号为8。

3.7.2.3 锅炉的分类

锅炉分类的方法很多,主要有以下几种。

(1) 按用途分类

按用途可将锅炉可分为工业锅炉和电站锅炉。

(2) 按蒸汽参数分类

按蒸汽压力的高低,可将锅炉分为低压锅炉($p \leqslant 2.45$ MPa,表压,下同)、中压锅炉($p=2.94 \sim 4.92$ MPa)、高压锅炉($p=7.84 \sim 10.8$ MPa)、超高压锅炉($p=11.8 \sim 14.78$ MPa)、亚临界压力锅炉($p=15.7 \sim 19.6$ MPa)和超临界压力锅炉($p>22.1$ MPa)等(见表3-3)。

表 3-3　　典型锅炉的简况

压力类型	蒸汽压力/MPa	蒸汽温度/℃	给水温度/℃	容量/(t/h)	配套机组/MW	汽水流动方式
低　压	2.45	400	104	20～65	1.5～3	自然循环
中　压	3.82	450	150	35～130	3～12	自然循环
高　压	9.8	540	215	220/410	50/100	自然循环
超高压	13.7	540/540	240	400/670	125/200	自然循环
亚临界压力	16.7	540/540	260	1 000	300/600	自然循环/控制循环
超临界压力	25	545/545	275	1 000～2 650	300～800	直流
超超临界压力	27	600/600	298	1 970～3 100	660～1 030	直流

(3) 按锅炉容量分类

按照容量的大小，锅炉有小型、中型和大型之分，但它们之间没有固定的分界。随着锅炉工业的发展，锅炉的容量日益增大，以往的大型锅炉目前只能算中型甚至小型锅炉。

根据目前的情况，对于电站锅炉一般认为，锅炉容量 $De<400$ t/h 的是小型锅炉；$De=400\sim670$ t/h 的是中型锅炉；而 $De>670$ t/h 的是大型锅炉。

(4) 按燃烧方式分类

按燃料在锅炉中的燃烧方式不同，可将锅炉分为层燃炉、室燃炉、旋风炉和流化床炉等，如图 3-13 所示。

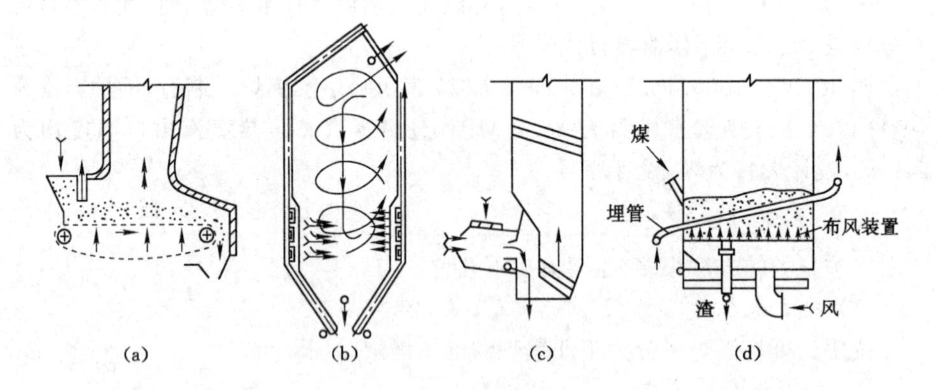

图 3-13　锅炉燃烧方式

(a) 层燃炉；(b) 室燃炉；(c) 旋风炉；(d) 流化床炉

层燃炉具有炉排，煤块或其固体燃料主要在炉排上的燃料层内燃烧。燃烧所需空气由炉排下的风箱送入，穿过燃料层进行燃烧反应。此类锅炉多为小容量、低参数的工业锅炉。

室燃炉是目前电站锅炉的主要形式，燃油炉、燃气炉以及煤粉炉均属于室燃炉。在燃烧煤粉的室燃炉中，燃料是悬浮在炉膛空间内进行燃烧的，根据排渣方式的不同，又可分为固态排渣炉和液态排渣炉。在我国电站锅炉中，以固态排渣炉为主。

旋风炉是一个利用圆柱形旋风筒作为燃烧室的炉子，气流在炉内高速旋转，较细的煤粉在旋风筒内悬浮燃烧，而较粗的煤粒在筒壁和筒壁附近的空间燃烧。筒内的高速旋转气流使燃烧加速，并使灰渣熔化形成液态排渣。旋风筒有立式和卧式两种布置形式，可燃用粗的煤粉或煤屑。

流化床炉又称沸腾炉，炉子的底部为一多孔的布风板，空气以高速穿过孔眼，均匀进入布风板上的床料层中。床层中的物料为炽热的固体颗粒和少量煤粒，当高速空气穿过时床料上下翻滚，形成“沸腾”状态。在沸腾过程中煤粒与空气有良好的接触和混合，着火燃烧速度快、效率高，床内安置有以水和蒸汽为冷却介质的埋管，使床层温度控制在 800～900 ℃。现代的流化床炉，为了提高燃烧效率、减轻环境污染和对流受热面的磨损，在炉膛出口处将烟气中的大部分固体颗粒从气流中分离并收集起来，送回炉膛继续燃烧，称为循环流化床锅炉。

(5) 按水的循环方式分类

按照工质在蒸发受热面中流动的主要动力来源不同，一般可将锅炉分为自然循环锅炉、控制循环锅炉和直流锅炉。

3.7.2.4 典型锅炉的基本结构

(1) 燃油(燃气)锅炉

图 3-14 为燃油或燃气的卧式火管锅炉，在卧置的锅筒内有一具有弹性的波形火筒。锅筒左、右侧及火筒上部都布置了烟管；火筒和烟管都沉浸在锅筒内的水容积里，锅炉的上部约 1/3 空间是汽容积，火筒内壁是主要辐射受热面，而烟管为对流受热面。烟气在锅炉内有 3 个回程流动，所以也称三回程锅炉。燃烧后的烟气在火筒内反向流动，为烟气第一回程；烟气经后烟箱导入左、右侧烟管，向炉前流动，为烟气第二回程；烟气至前烟箱汇集后，进入火筒上部的烟管向后流动，为烟气第三回程；最后经省煤器由引风机排入烟囱。

(2) 链条炉排锅炉

图 3-15 为 SHL20—2.5/400—A 型锅炉，锅炉以煤为燃料。它采用链条式炉排，由液压传动机构驱动和调节。炉膛的内壁布满水冷壁管，以充分利用辐射换热。炉膛后墙上部的烟气出口烟窗，水冷壁管被拉稀，形成防渣管。煤经链条炉排输送到炉膛内燃烧，高温烟气穿过后墙上方的防渣管进入第一组锅炉管束，转 180°。再冲刷第二组对流管束，然后经省煤器、空气预热器离开锅炉本体。

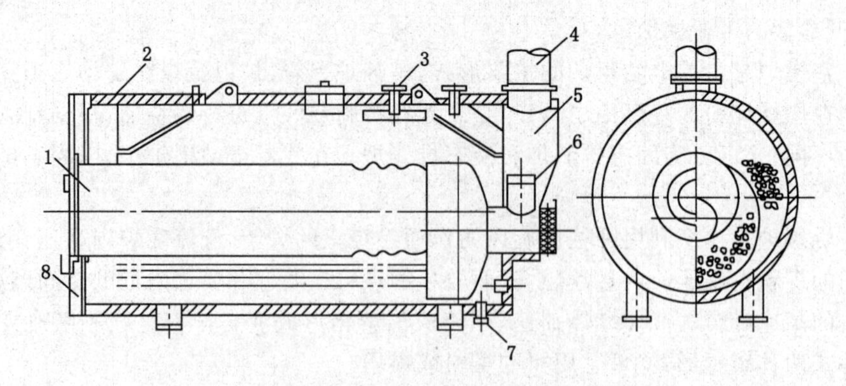

图 3-14　燃油或燃气的卧式火管锅炉

1——锅炉筒体；2——前烟箱；3——蒸汽出口；4——烟囱；
5——后烟箱；6——防爆门；7——排污管；8——热风道

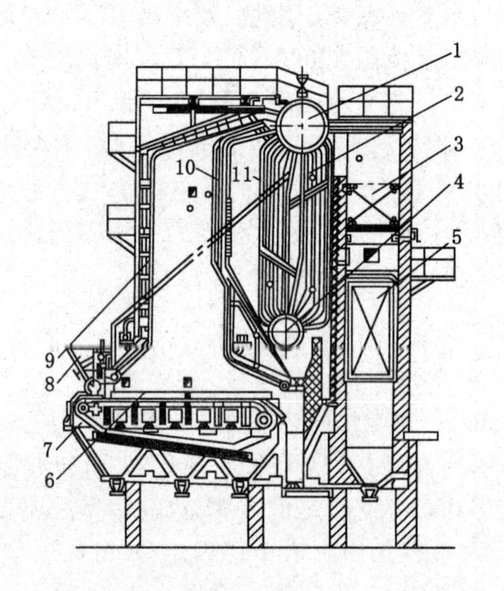

图 3-15　SHL20—2.5/400—A 型锅炉

1——上汽包；2——锅炉管束；3——省煤器；4——下锅筒；5——空气预热器；6——水冷壁下集箱；
7——链条炉排；8——煤斗；9——水冷壁；10——防渣管；11——烟气隔墙

(3) 抛煤机链条炉

图 3-16 为抛煤机链条炉。采用机械抛煤机，在炉子前部布置抛煤机，将煤自前而后地均匀抛撒在倒转链条炉排上燃烧。与链条炉相比，由于抛煤机链条炉的着火条件优越，及其火床上方空间的气体成分变化情况比较均匀，采用无拱的开式炉膛；抛煤机使烟气中飞灰较多，为此，抛煤机链条炉的炉膛比

链条炉炉膛高一些。

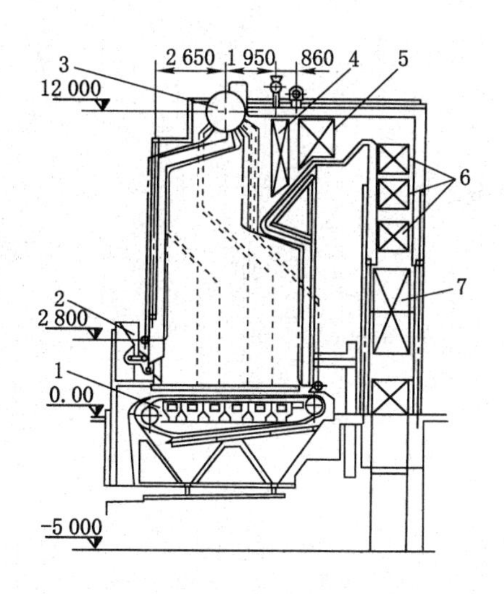

图 3-16 抛煤机链条炉

1——链条炉排；2——机械抛煤机；3——汽包；4——高温段过热器；
5——低温段过热器；6——省煤器；7——空气预热器

(4) 循环流化床锅炉

图 3-17 为典型电站用循环流化床直流锅炉的工作系统，其基本工作过程如下：煤由煤场经抓斗和运煤皮带等传输并加入煤料仓，然后由煤料仓进入燃料破碎机被破碎成粒径小于 6 mm 的煤粒后加入炉膛。与此同时，用于燃烧脱硫的脱硫剂石灰石也由石灰石仓加入炉膛，参与煤粒燃烧反应过程。炉内温度因受脱硫最佳温度的限制，一般保持在 850 ℃左右。此后，随烟气流出炉膛的大量颗粒在旋风分离器中与烟气分离。分离出来的颗粒可以直接回入炉膛，也可经外置式换热器进入炉膛再次参与燃烧过程。由旋风分离器分离出来的烟气则被引入锅炉尾部烟道，对布置在尾部烟道中的过热器、省煤器和空气预热器中的工质加热后经除尘器除尘后，由引风机排入烟囱，流入大气。

在汽水系统方面，给水由给水泵压入省煤器吸热后流入放置在炉膛四周的水冷壁。工质在水冷壁中吸热汽化后流入位于对流烟道的过热器，并在其中进一步被烟气加热到规定的过热蒸汽温度和过热蒸汽压力。随后，过热蒸汽流入汽轮发电机组推动汽轮机带动发电机组发电。

外置式换热器中的被加热工质可以是给水或蒸汽。这些工质在外置式换热器中吸热后仍回入锅炉的汽水系统。燃烧及布风需要的一次风和二次风通常由冷空气在空气预热器（布置在后部烟道的省煤器后面，图中未示出）中预热后分

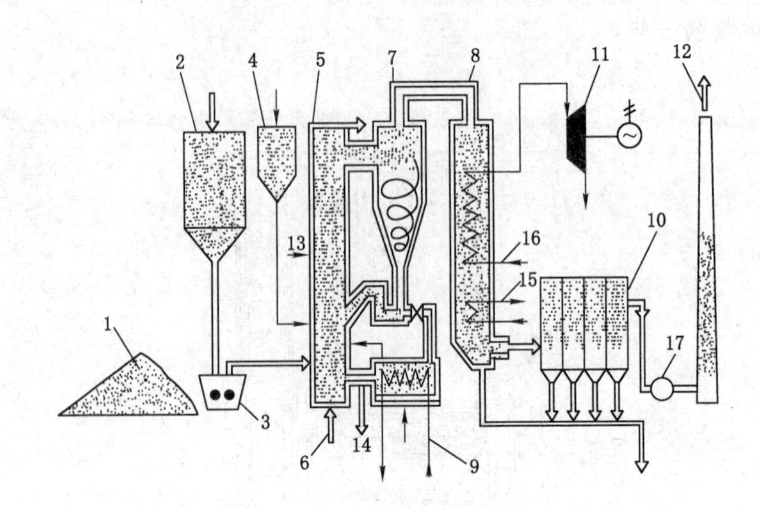

图 3-17　典型电站用循环流化床直流锅炉工作系统

1——煤场；2——煤料仓；3——燃料破碎机；4——石灰石仓；5——水冷壁；
6——布风板底下的空气入口；7——旋风分离器；8——锅炉尾部烟道；
9——外置式换热器的被加热工质入口；10——布袋除尘器；11——汽轮机发电机组；
12——烟囱；13——二次空气入口；14——排渣管；15——省煤器；16——过热器；17——引风机

别从炉膛底部及炉膛侧部送入。

3.7.2.5　锅炉压力容器制造、检验的基本流程与设备

锅炉是典型的压力容器，其制造的一般流程主要包括：原材料的准备、划线、切割、弯曲、成型、边缘加工、设备的组对、装配与检验等。

(1) 原材料的验收与管理

包括材料的物理性能检测及化学成分检测分析等。

(2) 钢材的净化

净化的作用：在运输和储存过程中，钢材表面上常常会有铁锈、氧化皮、油污和泥土等；划线、切割、成型、焊接等工序之后工件的表面会有铁渣，产生划痕，焊缝区还会有氧化皮等，这些污物的存在会影响设备的制造质量，所以必须有净化这一工序。

净化的目的：消除焊缝两边缘的油污和锈蚀物，保证焊接质量；为下一道工序做准备，满足下一道工序的工艺要求；为保持设备的耐腐蚀性，涂防腐底漆和钝化之前的工序。

钢材的净化方法主要包括手工、机械、化学和火焰净化等，如表 3-4 所列。

表 3-4　　钢材的净化方法

方　　法	工　　具	应用场合及特点
手工净化	钢刷、锉、刮刀、砂纸等	焊口局部净化，除垢和氧化膜。灵活方便，效率低
机械净化	手提电动钢刷、电动砂轮、喷砂机	电动钢刷用于焊口除锈。电动砂轮用于磨光、磨平焊缝、去毛刺。喷砂用于除去大面积铁锈和氧化膜
化学净化	利用酸、碱或其他溶剂来解锈、油和氧化膜	在铝和不锈钢设备制造中常用。大面积净化在酸(碱)洗池中进行。净化后需用清水洗净。碱洗去油污；酸洗去表面氧化皮、锈蚀物、焊缝区域残留的熔渣；有机溶剂针对设备和管道衬里(衬橡胶，衬法奥利特)的表面
火焰净化	火焰	除油除锈。利用火焰烧掉油脂。在加热—冷却过程中利用锈与金属膨胀系数不同除锈

(3) 钢材的矫形

矫形的实质：调整弯曲件“中性层”两侧的纤维长度，使纤维等长。或者以中性层为基准，长的变短，短的变长；或者以长纤维为基准，让短纤维拉长。

常用矫形方法：弯曲法、拉伸法和加热法。

弯曲法矫形：用反向变形来抵消原有的变形。通常矫形时都是将工件弯曲到弹塑性状态，外力除去后变形可恢复一部分，要多次矫形才能达到目的。弯曲矫形法包括人工敲击法和机械矫形两种。矫形机：压弯式和滚弯式(见图 3-18)。

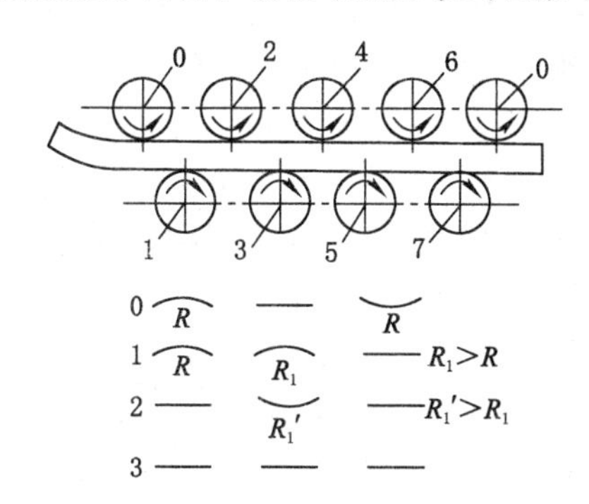

图 3-18　矫形机辊轴的排列及矫形过程

0——边辊；2，4，6——上矫形辊；1，3，5，7——下矫形辊

型钢的矫形设备：各种压力机、型钢矫直机(见图 3-19)。

拉伸法矫形(见图 3-20)：在两个夹头之间拉直，两端有限力装置。这种方法的优点是材料表面不会受力的作用，可以避免划痕、压痕等。这种方法仅用于

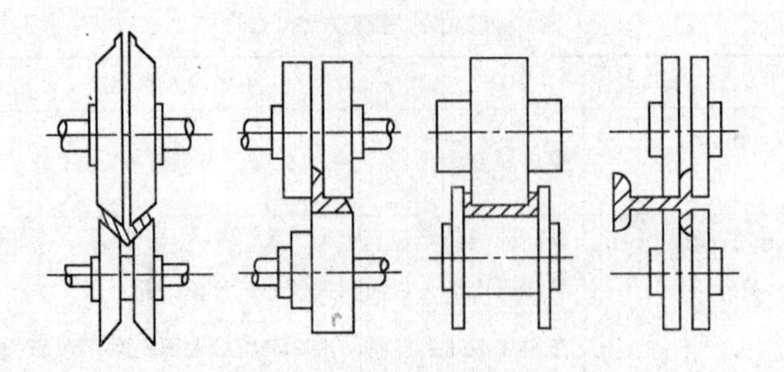

图 3-19 辊式型钢矫正机

断面较小的有色金属的管子和线材。

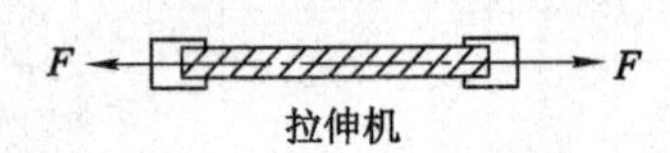

图 3-20 拉伸机

加热法矫形：在变形工件上纤维较长的局部加热，冷却后受热区缩短，从而达到矫形。加热法矫形时，以短边纤维长度为准。常以火焰加热，如氧—乙炔火焰、煤气火焰等。温度梯度越大(温度局部上升)，矫形效果越好。

(4) 划线

划线是将设备零件的空间图形在钢材上展成平面图形的一整套工艺过程。包括展图和号料。

展图方法：① 计算法(正圆柱、正圆锥等)；② 作图法；③ 作图近似法；④ 变形近似法；⑤ 经验展图法。

号料是把展开图正式画在钢材上的作业。号料的注意事项主要包括：① 余量；② 直接画线与样板画线(多用)；③ 排样；④ 画线方案(大设备用，合理布置焊缝)；⑤ 标号等。划线尺寸($A_{划线}$)与展图尺寸($A_{展图}$)及各加工裕量(Δ)之间的关系如下：

$$A_{划线}=A_{展图}+\Delta_{加工}+\Delta_{收缩}-\Delta_{间隙}$$

(5) 切割

从号料过的钢材上把需要的坯料割取下来的操作。常用切割方法主要包括：机械切割(包括剪切和锯切)、氧气切割、等离子切割、电弧气刨。

(6) 弯曲与成型

过程设备都是将材料经过压力加工——弯曲、弯卷、冲压等成型工艺后，才制造成所需要的零件的。

设备制造中所谓的压力容器壳体成型就是指筒体成型(钢板弯曲)、封头成型(封头冲压)、管子成型(管子弯曲)。钢材的成型就是金属材料在冷态或热态下借助外力产生塑性变形从而达到改变金属外部尺寸和形状的要求的过程。

筒体的弯曲有模弯和滚弯。模弯是指坯料在一定长度上的定型曲面模具作用下同时弯曲。滚弯是指坯料在通用工具(多为滚轮)作用下逐点连续弯曲。

常用设备:对称和非对称式三辊卷板机、四辊卷板机和立式卷板机。

成型主要指不可展封头的加工。常用成型方法包括:冲压法、旋压法和爆炸成型法。

(7) 边缘加工

边缘加工的作用:组对前切除毛坯上的多余金属,并根据焊接需要,加工适当形状的坡口,为组对提供良好条件。

坡口加工原则:① 在保证熔透前提下尽量少开;② 尽量开双面坡口;③ 厚板尽量用U形坡口而不用V形坡口。

边缘加工方法包括切削加工、气割、气刨,风铲。

常用设备:刨边机(龙门刨铣床)、气割机等。

(8) 组对与装配

组对:凡用焊接等不可拆连接进行拼装的工序称为组对。组对完后进行焊接以达到密封和强度方面的要求。

装配:凡用螺栓等可拆连接进行拼装的工序称为装配。装配后可试验、使用。

3.8 煤矿生产工艺实习

3.8.1 煤矿基本概况

煤矿是人类在富含煤炭的矿区开采煤炭资源的区域,一般分为井工煤矿和露天煤矿。当煤层离地表远时,一般选择向地下开掘巷道采掘煤炭,此为井工煤矿。当煤层距地表很近时,一般选择直接剥离地表土层挖掘煤炭,此为露天煤矿。我国绝大部分煤矿属于井工煤矿。煤矿范围包括地上地下以及相关设施的很大区域,通常包括巷道、井硐和采掘面等等。煤是最主要的固体燃料,是可燃性有机岩的一种。它是由一定地质年代生长的繁茂植物,在适宜的地质环境中,逐渐堆积成厚层,并埋没在水底或泥沙中,经过漫长地质年代的天然煤化作用而形成的。在世界上各地质时期中,以石炭纪、二叠纪、侏罗纪和第三纪的地层中产煤最多,是重要的成煤时代。煤的含碳量一般为46%~97%,呈褐色至黑色,具有暗淡至金属光泽。根据煤化程度的不同,煤可分为泥炭、褐煤、烟煤和无烟煤四类。

3.8.1.1 煤矿类型

(1) 露天开采

当煤层接近地表时,使用露天开采的方式较为经济。煤层上方的土称为表土。在尚未开发的表土带中埋设炸药，接着使用挖泥机、挖土机、卡车等设备移除表土。这些表土则被填入之前已开采的矿坑中。表土移除后，煤层将会暴露出来；这时将煤块钻碎或炸碎，使用卡车将煤炭运往选煤厂做进一步处理。露天开采的方式比地下开采的方式获得较大比率的煤矿，因此被较多的矿区利用。露天开采煤矿可以覆盖数平方公里的面积。世界约40%的煤矿生产使用露天开采方式[见图3-21(a)]。

(2) 地下开采

大部分煤层均远离地表，因此无法使用露天开采的方式。地下开采占世界煤矿生产的60%。在矿坑，通常使用房柱法在煤层中推进，梁柱用来支持矿坑。共有四种主要的地下开采法[见图3-21(b)]。

(a)

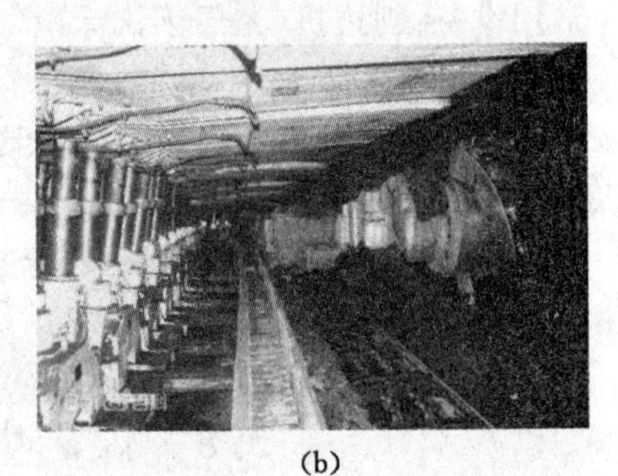

(b)

图3-21 煤矿类型

(a) 露天开采；(b) 地下开采

长壁开采：长约300 m以上的采掘面。一台精密的采煤机在煤层巷道中左右移动。松动的煤炭掉入刮板输送机中，并移出工作面。

连续开采：利用一台有碳化钨钻头的机器从煤层中刮下煤炭。在"房柱法"系统中操作，在一系列约10 m的房间区域中工作。

爆破开采：传统的开采方式。使用炸药打碎煤层，将煤块收集放在矿车或运输带中。

短壁开采：使用连续开采的机器。类似长壁开采有着可移动的坑顶支撑。

3.8.1.2 煤矿生产系统

煤矿生产系统主要包括采煤系统、掘进系统、机电系统、运输系统、通风系统、排水系统，简称"采掘机运通"+排水系统。另外，我国将在全国煤矿建立完善监测监控、人员定位、紧急避险、压风自救、供水施救和通信联络等井下安全避险六大系统，综合起来，构成了数字化矿山的主体部分。

3.8.2 主要系统工艺和关键设备

3.8.2.1 矿井通风系统

矿井通风是指将新鲜空气输入矿井下，增加氧气浓度，以稀释并排除矿井中有毒、有害气体和粉尘。图 3-22 为矿井通风系统示意图。

图 3-22 矿井通风系统示意图

通风设备的基本任务及作用是：

① 稀释井下的有害气体并将其排出至地表，及时地将新鲜空气送入井下，以保证井下人员能够安全、高效劳动和工作。

② 排出井下混入粉尘的污浊空气。

③ 调整井下的工作温度和湿度。

④ 增加井下空气的含氧量 。

矿井通风是矿井安全生产的基本保障，因此，要求通风设备必须安全、可靠。

通风机的种类很多，分类方法也不同。矿山常用通风机，按气体在通风机叶轮中的流动情况，分为离心式通风机和轴流式通风机两大类。

(1) 离心式通风机

离心式通风机的结构主要由叶轮 1、轴 2、进风口 3、螺线形机壳 4、前导器 5 和锥形扩散器 6 等组成，其结构示意图如图 3-23 所示，外形图如图 3-24(a) 所示。

离心式通风机的工作原理是当电动机带动转子旋转时，叶轮流道中的空气在叶片作用下，随叶轮一起转动。空气在离心力的作用下，能量升高，并由叶轮中心沿径向流向叶轮外缘，经螺线形机壳和锥形扩散器排至大气。此时，在叶轮进口和中心形成真空(负压)，外部空气在大气压力作用下，经叶轮进风口进入叶轮，风机不停地旋转，从而形成连续的风流。

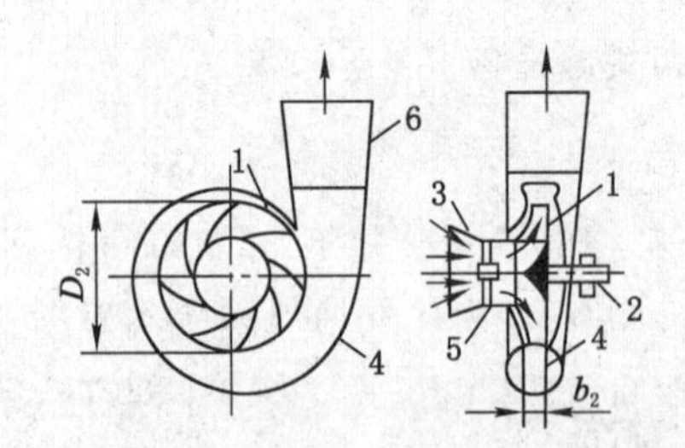

图 3-23 离心式通风机结构示意图

1——叶轮；2——轴；3——进风口；4——螺线形机壳；5——前导器；6——锥形扩散器

(2) 轴流式通风机

轴流式通风机的结构主要由叶轮(由轮毂 1 和叶片 2 组成)、轴 3、外壳 4、进风口(由集流器 5 和流线体 6 组成)、整流器 7 和扩散器 8 等组成，其结构示意图如图 3-25 所示，外形图如图 3-24(b)所示。轴流式通风机的叶片为机翼形扭曲叶片，并以一定的角度安装在轮毂上。

(a)　　(b)

图 3-24 矿井通风机外形

(a) 离心式通风机；(b) 轴流式通风机

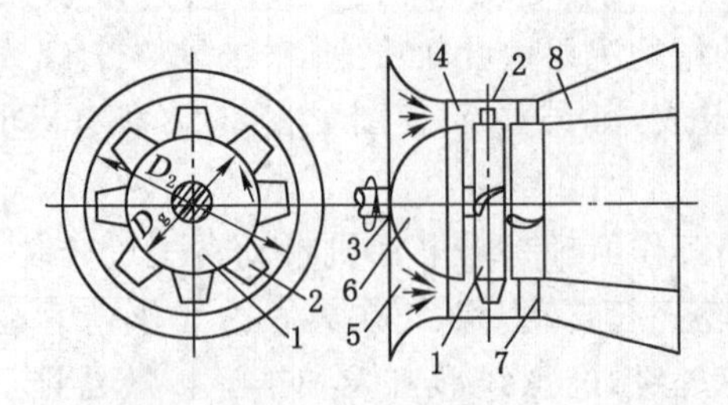

图 3-25 轴流式通风机结构示意图

1——轮毂；2——叶片；3——轴；4——外壳；5——集流器；6——流线体；7——整流器；8——扩散器

轴流式通风机的叶片为机翼形扭曲叶片，并以一定的角度安装在轮毂上。当电动机带动轴和叶轮旋转时，叶片正面(排出侧)的空气在叶片的推动下，能量升高，通过整流器整流，并经扩散器被排至大气。同时，叶轮背面(入口侧)形成真空(负压)，外部空气在大气压力作用下，经进风口进入叶轮，从而形成连续风流。

风机是矿井通风系统的核心装置，为风流提供必需的动力，风机的正常运行对整个通风系统都至关重要。因此，对风机工作状态的监测是了解整个通风系统状态的重要方法，是保证矿井正常生产的重要保证。

风机监测系统(见图 3-26)集保护、检测、控制于一体，不但能实现风量的自动调节，还能进行故障诊断，预测使用寿命，预报维修极限。风机监测系统可成功地对风机进行检测，有效地保证了矿井通风系统的安全运行，完全满足井下对主通风机自动化监控系统的要求。

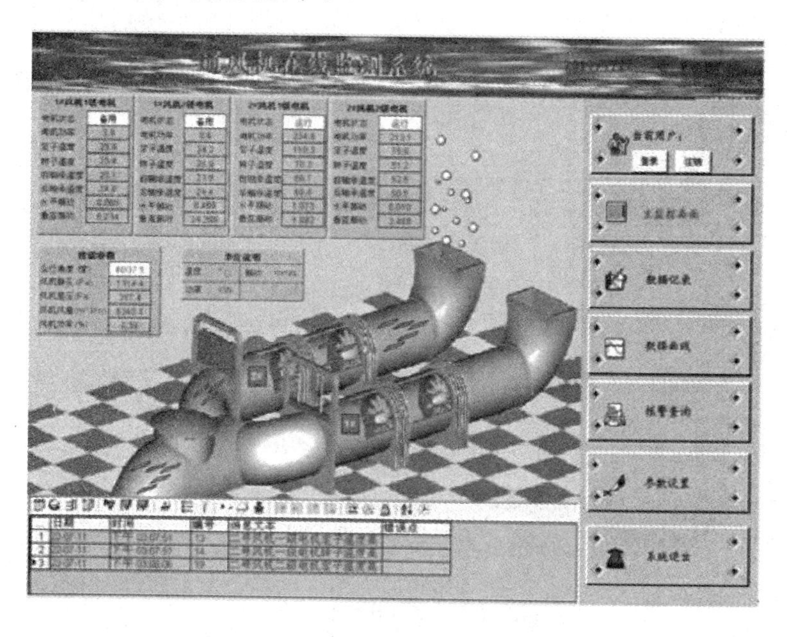

图 3-26 风机在线监测系统

实习要求：

① 以薛湖煤矿为例了解通风设备的作用、通风系统；

②了解通风机的工作原理、工作参数及对通风设备的要求；

③了解通风监测系统主要设备参数的监测及过程自动控制。

3.8.2.2　*矿井压缩空气系统*

矿井压缩空气系统是指大气压力的空气被压缩并以较高的压力输给气动系统，用以驱动风镐、风钻等风动机械工作。空气压缩机是产生和输送压缩空气(简称压气)的必备动力设备，是矿井的原动力之一。矿山机械设备产生压气的空气压缩机(简称空压机)一般设在井上，用管道把压气送入井下，顺大巷、上山或下山到达工作面，带动风动机械工作。

使用压缩空气的最大优点是能够利用取之不尽、用之不竭的自由空气，与电力相比，具有以下特点：不产生火花；不怕超负荷；无触电危险；在湿度大、温度高、灰尘多的环境中能很好地工作；风动机械排出的空气，在某种程度上有助于改善井下的通风状况。但空压机运转效率低、耗电量大、成本高，因此在使用中应注意提高空压机的效率，减少压气管道内的压力损失和泄漏，节约压气的消耗量。

(1) 空压机站的组成

空气压缩设备主要包括：空压机、电动机及电控设备、冷却泵站、附属设备、管路等(见图 3-27)。

图 3-27　空气压缩机系统

(2) 空压机的分类

按工作原理空压机可分为容积型和速度型两种。容积型又分为活塞式、螺杆式、滑片式三种。速度型分为离心式和轴流式两种。容积型空压机是依靠减小气体的体积来提高气体的压力；速度型空压机是依靠增大气体的速度来提高气体的压力。目前煤矿广泛使用螺杆式空压机，一些老矿还在使用活塞式空压机。

(3) 空压机的工作过程

螺杆式空压机主要有吸气过程、封闭及输送过程、压缩及喷油过程和排气过程。如图 3-28 所示。

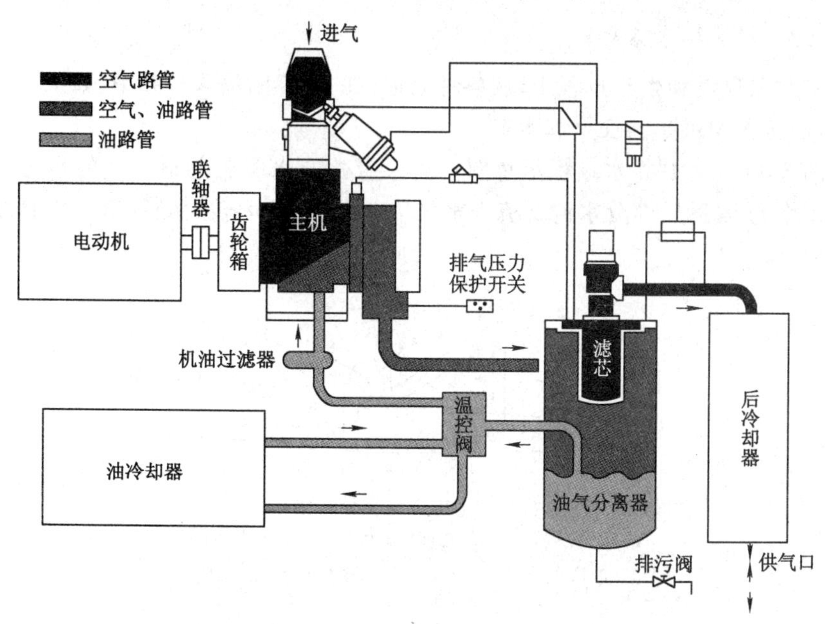

图 3-28 螺杆式空压机的工作过程

活塞式空压机主要由气缸、活塞、吸(排)气阀、活塞杆、十字头、连杆、曲柄等组成。

活塞式空压机的工作过程为:电动机带动曲轴、曲柄转动,曲柄带动连杆摆动,连杆带动十字头滑块在导轨中做直线运动,十字头滑块通过活塞杆带动活塞在汽缸中做往复运动。形成吸气和排气过程(见图 3-29)。

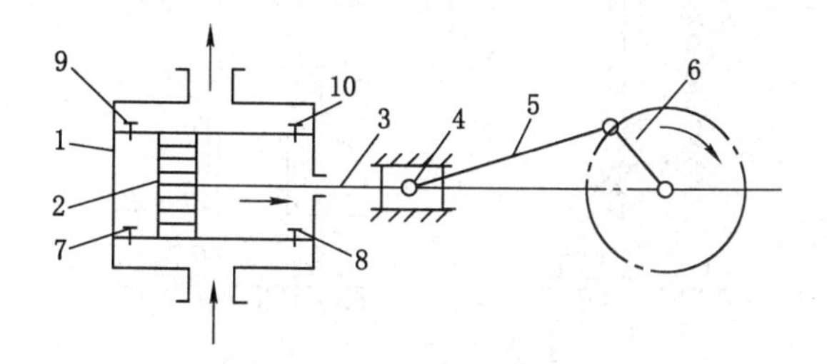

图 3-29 活塞式空压机工作原理图

1——气缸;2——活塞;3——活塞杆;4——十字头;
5——连杆;6——曲轴;7,8——吸气阀;9,10——排气阀

实习要求：

① 了解空压机的种类和各自的特点；

② 以薛湖煤矿为例了解空压机的作用、工作原理。

3.8.2.3 矿井排水系统

矿井在建设和生产过程中，从各种渠道来的水不断涌入矿井中，如果不及时排除，必将影响煤矿的安全和生产。

图 3-30 为矿井排水过程示意图。涌入矿井的水顺着巷道一侧的水沟自流集中到水仓 5，然后经分水沟 9 流入水泵房 3 中，水泵运转后经管道 7 中管路排至地面。

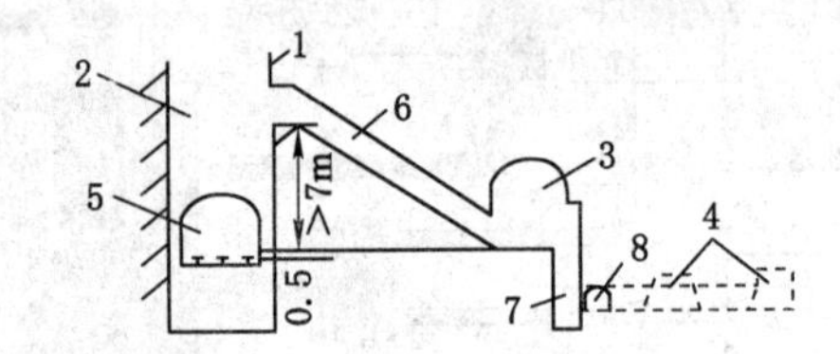

图 3-30　排水过程示意图

1——主井；2——副井；3——水泵房；4——水仓；

5——井底车场；6——管道；7——吸水井；8——分水沟

矿山排水设备的任务是将矿水及时排送至地面，保证井下工作人员、设备和矿井的安全。因此，要求排水设备必须安全、可靠、经济地工作。

矿山排水系统一般分为直接排水系统、分段排水系统和集中排水系统。

图 3-31(a)为单水平开采的直接排水系统，图 3-31(b)为多水平开采的直接排水系统。

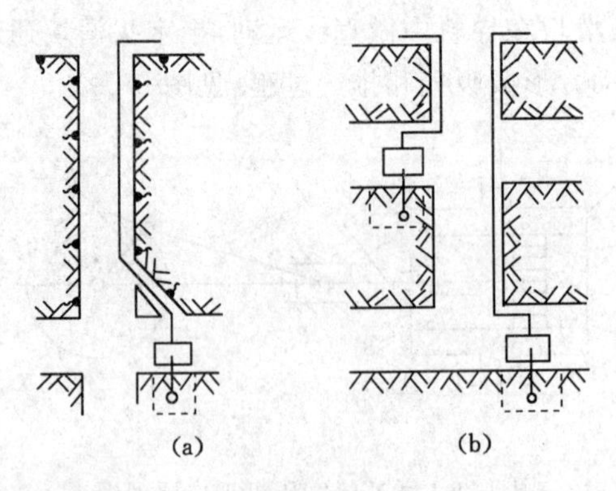

图 3-31　直接排水系统

(a) 单水平开采的直接排水系统；(b) 多水平开采的直接排水系统

矿山排水设备一般由水泵、电动机、启动设备、管路及管路附件和仪表等组成,如图 3-32 所示。

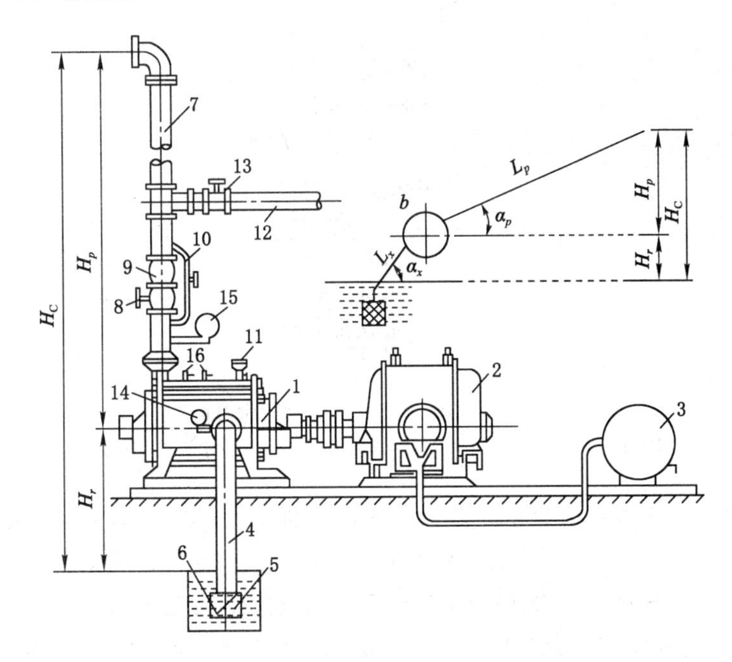

图 3-32 矿山排水设备示意图

1——离心式水泵;2——电动机;3——启动设备;4——吸水管;5——滤水器;6——底阀;7——排水管;8——调节闸阀;9——逆止阀;10——旁通管;11——引水漏斗;12——放水管;13——放水闸阀;14——真空表;15——压力表;16——放气栓

水泵向水传递能量,提高水的静压和动压;电动机为驱动设备;管路为水流通路;管路附件主要有三阀(底阀、调节闸阀、逆止阀)、旁通管;仪表主要有压力表和真空表等。

水泵主要由叶轮、外壳、吸水管、排水管、引水漏斗等组成(见图 3-33)。水泵启动前,先向水泵充灌引水,灌满水后才能启动电动机。

实习要求:

① 了解排水设备的任务,矿井排水系统的类型;

② 了解排水设备的组成和作用;

③ 了解排水系统中泵的结构及工作过程。

3.8.2.4 矿井提升系统

矿井提升设备是沿井筒提升煤炭、矸石,升降人员和设备,下放材料的大型机械设备。它是矿山井下生产系统和地面工业广场相连接的枢纽,是矿山运输

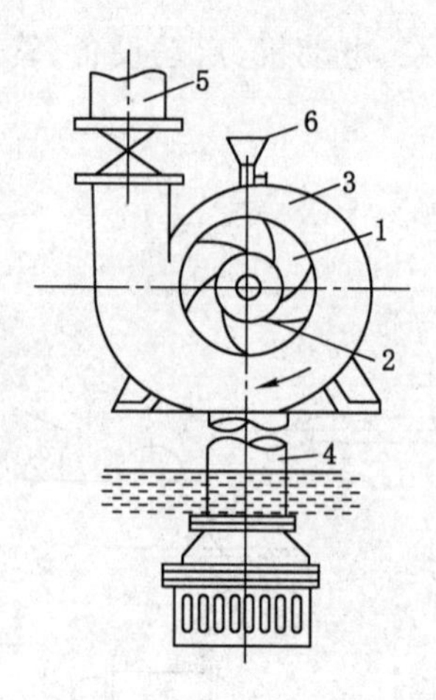

图 3-33　单级离心式水泵结构示意图

1——叶轮；2——叶片；3——外壳；4——吸水管；5——排水管；6——引水漏斗

的咽喉。因此，矿井提升设备在矿山生产的全过程中占有极其重要的地位。随着科学技术的发展及生产的机械化和集中化，目前，一些发达国家提升机的运行速度已达 20～25 m/s，一次提升量达到 50 t，电动机容量已超过 10 000 kW。矿井提升设备是大型的综合机械—电气设备，其成本和耗电量比较高，所以，在新矿井的设计和老矿井的改扩建中，必须经过多方面的技术经济比较，保证提升设备在选型和运转过程中具有经济性。

(1) 矿井提升设备的分类

① 按用途分，矿井提升设备可分为主井提升设备和副井提升设备。主井提升设备主要用于提升有益矿物(如提升煤炭或矿物)；副井提升设备用于辅助提升(如提升矸石，升降人员、设备，下放材料等)。

② 按提升容器分，矿井提升设备可分为箕斗提升设备、罐笼提升设备和串车提升设备。

③ 按提升机类型分，矿井提升设备可分为缠绕式提升设备和摩擦式提升设备。

④ 按井筒倾角分，矿井提升设备可分为立井提升设备和斜井提升设备。

(2) 矿井提升设备的组成

矿井提升设备主要由提升容器、提升钢丝绳、提升机、天轮、井架、装卸载设备及电气设备等组成。

(3) 提升系统的类型

由于井筒条件(竖井或斜井)及选用的提升容器和提升机类型的不同，可组成不同类型的矿井提升系统。较常见的提升系统有：

① 竖井单绳缠绕式箕斗提升系统(见图3-34)。

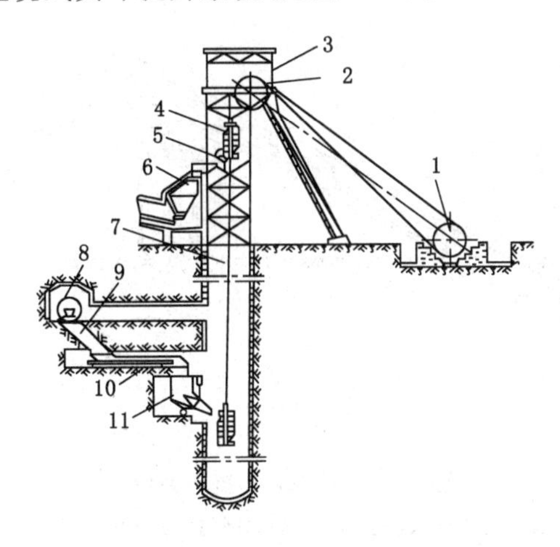

图3-34 竖井单绳缠绕式箕斗提升系统(双筒)

1——提升机卷筒；2——天轮；3——井架；4——箕斗；5——卸载曲轨；6——井口煤仓；7——钢丝绳；8——翻车机；9——井底煤仓；10——给煤机；11——装载设备

② 竖井单绳缠绕式罐笼提升系统。

③ 竖井多绳摩擦式箕斗提升系统。

④ 竖井多绳摩擦式罐笼提升系统[见图3-35(a)、(b)]。

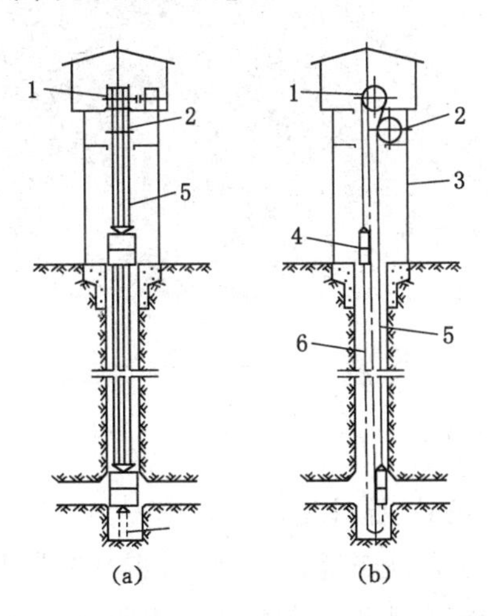

图3-35 竖井多绳摩擦式罐笼提升系统

(a) 正视图；(b) 侧视图

1——矿井提升机；2——提升钢丝绳；3——封闭井塔；4——箕斗；5，6——尾绳

⑤ 斜井箕斗提升系统(见图 3-36)。

⑥ 斜井串车提升系统

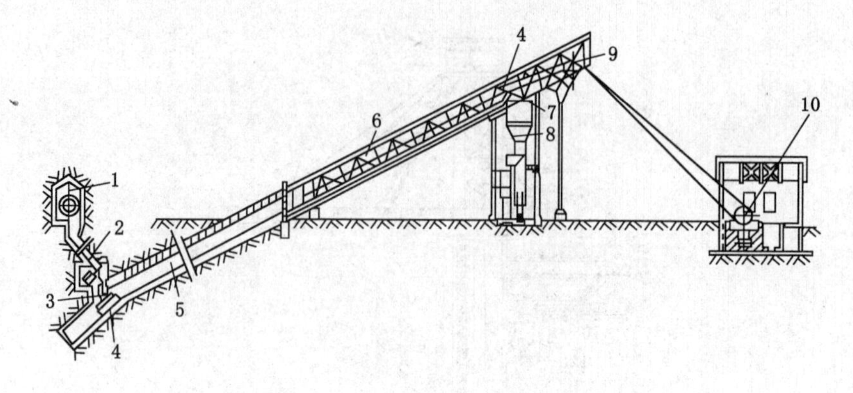

图 3-36 斜井箕斗提升系统

1——卸载峒室;2——煤仓;3——装载闸门;4——箕斗;5——井筒;
6——井架;7——卸载曲轨;8——地面煤仓;9——天轮;10——提升机

矿井提升机控制系统如图 3-37 所示。

图 3-37 矿井提升机控制系统实物图

实习要求:

① 熟悉提升设备的任务、提升设备的分类;

② 以薛湖煤矿为例了解提升系统的类型,实习矿井用的是哪类提升方式;

③ 了解矿井提升系统主要设备参数的监测及过程自动控制。

3.8.2.5 数字化矿山

"数字化矿山"(Digital Mine)或简化/简称为"数字矿山",是对真实矿山整体及其相关现象的统一认识与数字化再现，是一个“硅质矿山”，是数字矿区和数字煤矿的一个重要组成部分。其核心是在统一的时间坐标和空间框架下，科学合理地组织各类矿山信息，将海量异质的矿山信息资源进行全面、高效和有序的管理和整合。数字化矿山是建立在数字化、信息化、虚拟化、智能化、集成化基础上的，由计算机网络管理的管控一体化系统，它综合考虑生产、经营、管理、环境、资源、安全和效益等各种因素，使企业实现整体协调优化，在保障企业可持续发展的前提下，达到提高其整体效益、市场竞争力和适应能力的目的。数字化矿山的最终目标是实现矿山的综合自动化。

数字化矿山是以矿山系统为原型，以地理坐标为参考系，以矿山科学技术、信息科学、人工智能和计算科学为理论基础，以高新矿山观测和网络技术为支撑，建立起的一系列不同层次的原型、系统场、物质模型、力学模型、数学模型、信息模型和计算机模型并集成，可用多媒体和模拟仿真虚拟技术进行多维的表达，同时具有高分辨率、海量数据和多种数据的融合以及空间化、数字化、网络化、智能化和可视化的技术系统。它是信息化、数字化的虚拟矿山，是用信息化与数字化的方法来研究和构建的矿山，是矿山地表面之下的人类工程活动的信息全部数字化之后由计算机网络来管理的技术系统。通过它可以了解整个矿山系统所涉及的信息过程，特别是矿山系统多体之间信息的联系和相互作用的规律。

数字化矿山自下而上可分为七个主层次：

① 基础数据层。即数据获取与存储层。数据获取包括利用各种技术手段获取各种形式的数据及其预处理；数据存储包括各类数据库、数据文件、图形文件库等。该层为后续各层提供部分或全部输入数据。

② 模型层。即表述层。如空间和矿物属性的三维和二维块状模型、矿区地质模型、采场模型、地理信息系统模型、虚拟现实动化模型等。该层不仅将数据加工为直观、形象的表述形式，而且为优化、模拟与设计提供输入。

③ 模拟与优化层。如工艺流程模拟、参数优化、设计与计划方案优化等。

④ 设计层。即计算机辅助设计层。该层为把优化解转化为可执行方案或直接进行方案设计提供手段。

⑤ 执行与控制层。如自动调度、流程参数自动监测与控制、远程操作等。该层是生产方案的执行者。

⑥ 管理层。包括 MIS 与办公自动化。

⑦ 决策支持层。依据各种信息和以上各层提供的数据加工成果，进行相关分析与预测，为决策者提供各个层次的决策支持。

按功能划分，数字化矿山包括六大类系统：数据获取与管理系统、数字开采系统、矿区地理信息系统、选矿数字监控系统、管理系统、决策支持系统。其中数字开采系统是核心系统，也是效率和效益的主要创造者。数字化矿山网络结构示意图如图 3-38 所示。

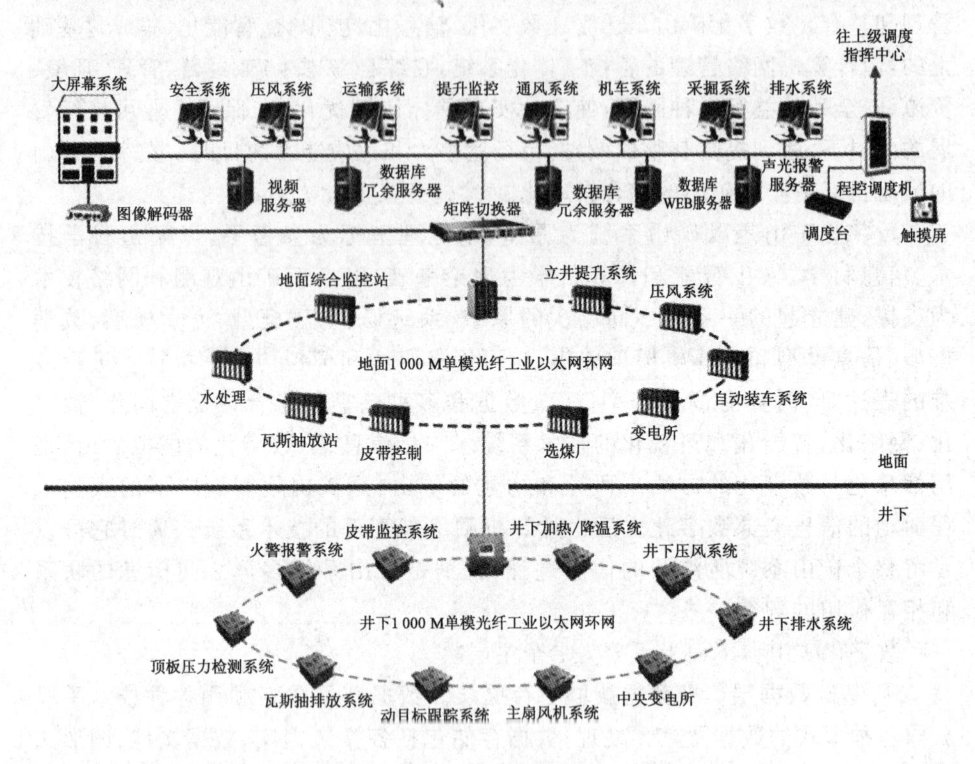

图 3-38　数字化矿山网络结构示意图

实习要求：

① 了解数字化矿山的组成；

② 了解数字化矿山的结构形式；

③ 了解数字化矿山在矿业生产中的意义。

3.9　火力发电工艺实习

3.9.1　火力发电厂基本概况

火力发电一般是指利用石油、煤炭和天然气等燃料燃烧时产生的热能来加热水，使水变成高温、高压水蒸气，然后再由水蒸气推动发电机来发电的方式的总称。以煤、石油或天然气作为燃料的发电厂统称为火电厂。

按燃料不同,发电厂可分为:① 燃煤发电厂(煤);② 燃油发电厂(石油提取了汽油、煤油、柴油后的渣油);③ 燃气发电厂 (天然气、煤气等);④ 余热发电厂(工业余热、垃圾或工业废料);⑤ 生物发电厂(秸秆、生物肥料)。

按供出能源不同,发电厂可分为:① 凝汽式汽轮机发电厂(只供电);② 热电厂 (同时供电和供热)。

按原动机不同,发电厂可分为:① 凝汽式汽轮机发电厂;② 燃气轮机发电厂;③ 内燃机发电厂;④ 蒸汽—燃气轮机发电厂。

按总装机容量不同,发电厂可分为:① 小容量发电厂(总装机容量<100 MW);② 中容量发电厂(总装机容量 100～250 MW);③ 大中容量发电厂(总装机容量 250～600 MW);④ 大容量发电厂(总装机容量 600～1 000 MW);⑤ 特大容量发电厂(总装机容量>1 000 MW)。

按蒸汽压力和温度不同,发电厂可分为:① 中低压发电厂(蒸汽压力 3.92 MPa,温度 450 ℃,单机功率<25 MW);② 高压发电厂(蒸汽压力 9.9 MPa,温度 540 ℃,单机功率<100 MW);③ 超高压发电厂(蒸汽压力 13.83 MPa,温度 540 ℃,单机功率<20 MW);④ 亚临界压力发电厂(蒸汽压力 16.77 MPa,温度 540 ℃,单机功率 300～1 000 MW);⑤ 超临界压力发电厂(蒸汽压力>22.11 MPa,温度 550 ℃,单机功率>600 MW);⑥ 超超临界压力发电厂(蒸汽压力>33.5 MPa,温度 610 ℃/630 ℃,单机功率>600 MW)。

如图 3-39 所示,火力发电站的主要设备系统包括:燃料供给系统、给水系统、蒸汽系统、冷却系统、电气系统及其他一些辅助处理设备。火力发电系统主要由燃烧系统(以锅炉为核心)、汽水系统(主要由各类泵、给水加热器、凝汽器、管道等组成)、电气系统(以汽轮发电机、主变压器等为主)、控制系统(以 DCS 系统为核心)等组成。燃烧及汽水系统产生高温高压蒸汽,电气系统实现由热能、机械能到电能的转变,控制系统保证各系统安全、合理、经济运行。

火力发电的重要问题是提高热效率,办法是提高锅炉的参数(蒸汽的压强和温度)。普通火电厂能把 40%左右的热能转换为电能;大型供热电厂的热能利用率也只能达到 60%～70%。此外,火力发电大量燃煤、燃油,造成环境污染,也成为人们日益关注的问题。

徐州华美坑口环保热电有限公司(以下简称华美公司),坐落在徐州市西北郊九里区境内,是徐州矿务集团调整产业结构、实现煤电一体化和可持续发展战略、实施资源综合利用而成立的,由原庞庄电厂 2×1 500 kW 和 1×3 000 kW 发电机组的厂区改建而成,厂址为原庞庄电厂厂区。华美公司工程建设规模为:2 台 260 t/h 高温高压循环流化床锅炉和 2 台 55 MW 抽凝式汽轮发电机组及相应的配套和公用设施。

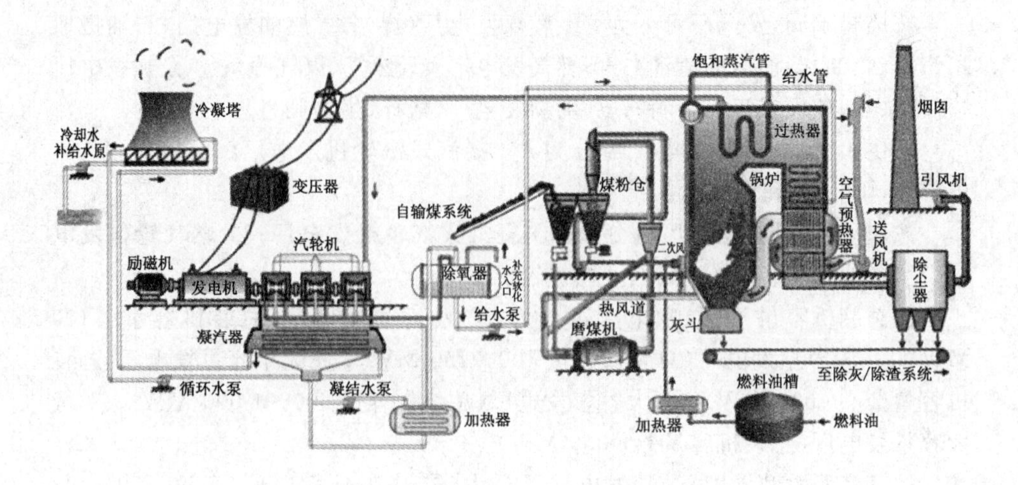

图 3-39　火电厂典型工艺流程及主要设备

华美公司燃用低热值煤及煤泥，变废为宝，对灰渣综合利用、塌陷区的复垦以还田于民、促进本地经济的可持续发展有所裨益，也为徐州地区丰富的低热值煤炭资源找到了良好的出路。热电联产的优点是充分合理利用能源，热能的利用率高，从而节约了大量燃料，相应减少了一次能源的开采运输费用。

华美公司机组在生产过程中基本实现了废水、废气、固废物"零排放"，实现了低劣质煤、煤矸石、煤泥、矿井水资源综合利用，构建了徐州西部矿区"煤—电—热—建材"循环经济产业链。公司于 2008 年被列为江苏省循环经济试点单位。

近年来，公司积极进行升级改造，提升效率，淘汰落后产能，2014 年开始新筹建的热电二期 2×350 MW 超临界循环流化床机组锅炉已于 2016 年完成建设，并网发电。一大批新设备、新工艺、新系统投入运行，对提升发电效率、降低生产成本、改善环境有极大的促进作用。

3.9.2　主要系统工艺和关键设备

3.9.2.1　热电联产综合利用系统

如图 3-40、图 3-41 所示，华美公司与徐州矿务集团下属张集矿、庞庄矿、夹河矿、张小楼矿实现煤炭集团内部产销，就地发电利用，减少煤炭外运，每年节约运费数千万元，同时还将各煤矿的劣质煤、煤矸石、煤泥等低品质煤炭用于发电，进行综合利用。与附近水泥厂、建材厂、居民小区实现循环利用。热电厂向附近企业、居民小区供热供(蒸)气，将发电后的煤渣、煤灰等转让给水泥厂、建材厂，用于生产水泥、建筑用砖等，既减少了废弃物排放，实现废渣完全循环利用，又产生了良好经济效益。

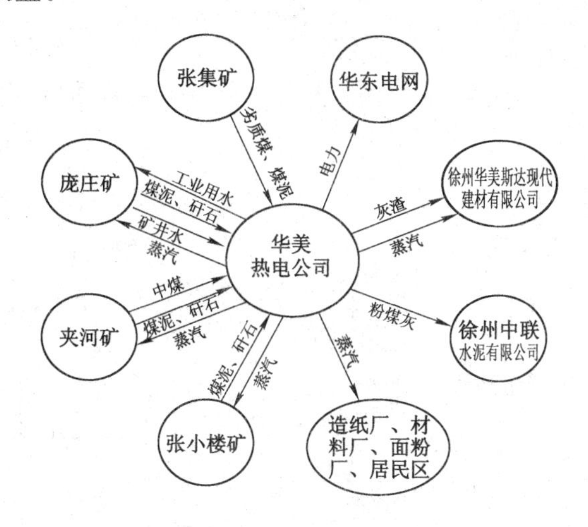

图 3-40 华美公司热电综合利用系统示意图

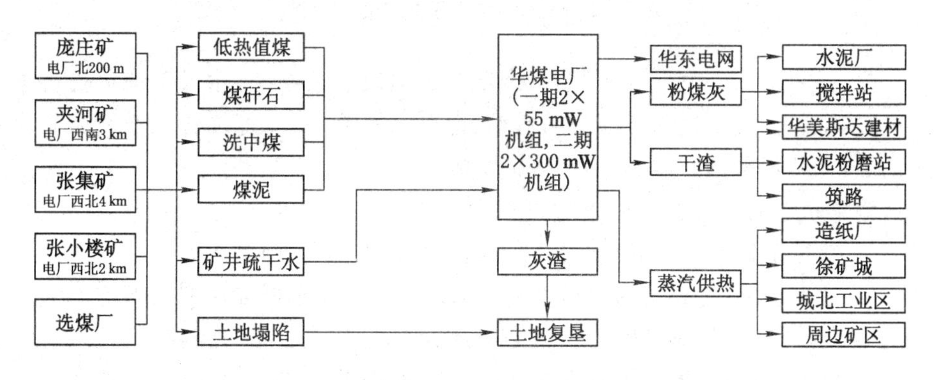

图 3-41 华美公司循环经济利用系统示意图

实习要求：

① 以华美公司为例，了解“煤—热—电”联产与综合利用的基本流程，了解我国煤矿坑口电厂生产现状；

② 了解火电厂如何处理煤矿的主要产品及其副产品，如何与工业、生活、市政建设等领域实现产品循环利用；

③ 了解火电厂三废（废气、废液、废渣）产生的原因及对环境的影响，了解常见的处理措施，结合华美公司实际情况讨论火电厂周围生态环境保护与修复可采取的措施。

3.9.2.2　燃煤系统

如图 3-42 所示，火电厂燃煤系统作为主要系统之一，通常包括输煤、磨煤、锅炉与燃烧、风烟、灰渣等环节。此节只介绍输煤和磨煤系统，其余系统将在后面陆续介绍。

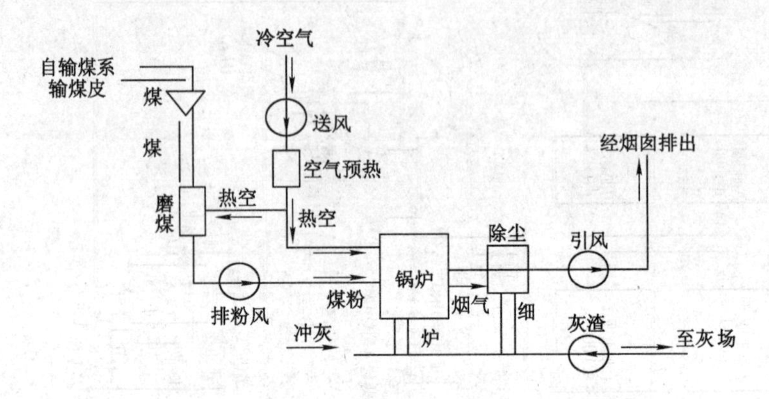

图 3-42　火电厂燃煤系统流程示意图

作为燃煤火力发电厂项目的一个重要的辅助工艺系统，输煤系统负责将进入电厂的燃煤，通过接卸载、贮存、运输、筛碎等工艺环节，将符合粒度和品质要求的煤，连续不断、安全可靠地输入锅炉煤仓。

输煤系统的主要设备和作用如下：

① 卸煤设施：将各种运输方式的来煤卸入地斗、沟、槽等。

② 贮煤设施：将卸下的煤通过带式输送机及堆场机械堆存到贮煤场。

③ 筛碎设施：将原煤筛分和破碎，为锅炉煤斗提供合格的煤粒。

④ 输送系统：分为卸煤输送系统和上煤输送系统，输送系统负责将煤运送至煤场或锅炉煤斗。

⑤ 辅助设施：包括取样和计量（燃料取样煤质检测和称重计量）、除尘（抑制和除去燃料运输过程中产生的粉尘）、除杂物（除去燃料中的铁件、木块、石块）等杂物。

磨煤制粉系统是将煤磨制成一定粒度的煤粉，并输入锅炉燃烧设备中组成的系统，主要使用的设备有：

① 磨煤机，将煤块破碎并磨成煤粉的机械。磨煤机的类型很多，按磨煤工作部件的转速可分为三种类型，即低速磨煤机、中速磨煤机和高速磨煤机。

低速磨煤机：主要为滚筒式钢球磨煤机，一般简称钢球磨或球磨机。它是一个转动的圆柱形或两端为锥形的滚筒，滚筒内装有钢球。滚筒的转速为 15～25

r/min，对煤种的适应范围广，运行可靠，特别适宜于磨制硬质无烟煤。

中速磨煤机：转速为50～300 r/min，碾磨部件由两组相对运动的碾磨体构成。煤块在这两组碾磨体表面之间受到挤压、碾磨而被粉碎。具有设备紧凑、占地小、电耗省（约为钢球磨煤机的50%～75%）、噪声小、运行控制比较轻便灵敏等显著优点。

高速磨煤机：转速为500～1 500 r/min，主要由高速转子和磨壳组成。结构简单，紧凑，初期投资不大，特别适用于磨制高水分褐煤和挥发分高、容易磨制的烟煤。

② 给煤机：在磨煤之前调节送入磨煤机的煤量，主要有刮板式给煤机、电磁振动式给煤机、皮带给煤机（调速、称重）。

③ 给粉机：按照锅炉负荷需要，把煤粉仓中的煤粉均匀地送入一次风管，电厂常见的给粉机为叶轮式给粉机。

④ 粗粉分离器：把从磨煤机来的煤粉进行粗细分离，不合格的送回磨煤机重磨，主要有离心式粗粉分离器、回转式粗粉分离器。

⑤ 细粉分离器：把从粗粉分离器来的煤粉气流进行风粉分离，不合格的送回磨煤机重磨，一般为旋风分离器。

实习要求：

① 了解燃煤系统在火电厂生产中的重要作用；

② 了解输煤系统主要设备的工作原理、监测与控制措施；

③ 了解磨煤制粉系统主要设备的工作原理、监测与控制措施；

④ 了解燃煤系统中污染物的产生、泄漏、对环境的影响及解决措施。

3.9.2.3 供水及水处理系统

泵是输送流体或使流体增压的机械。它将原动机的机械能或其他外部能量传送给液体，使液体能量增加。泵主要用来输送水、油、酸碱液、乳化液、悬乳液和液态金属等液体，也可输送液、气混合物及含悬浮固体物的液体。泵通常可按工作原理分为容积式泵、叶片式泵和其他类型泵3类。

在化工和石油部门的生产中，原料、半成品和成品大多是液体，而将原料制成半成品和成品，需要经过复杂的工艺过程，泵在这些过程中起到了输送液体和提供化学反应的压力流量的作用，此外，在很多装置中还用泵来调节温度。在农业生产中，泵是主要的排灌机械。我国农村幅员广阔，每年农村都需要大量的泵，一般来说农用泵占泵总产量一半以上。

在矿业和冶金工业中，泵也是使用最多的设备。矿井需要用泵排水，在选矿、冶炼和轧制过程中，需用泵来供水。在电力部门，核电站需要核主泵、二级泵、三级泵，热电厂需要大量的锅炉给水泵、冷凝水泵、油气混输泵、循环水泵和灰渣泵等。在国防建设中,飞机襟翼、尾舵和起落架的调节、军舰和坦克炮塔的转动、潜艇的沉浮等都需要用泵。泵的分类如图 3-43 所示。

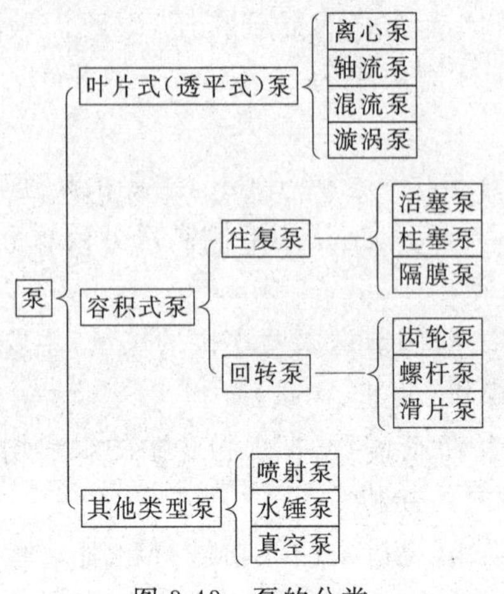

图 3-43　泵的分类

离心泵在工业应用中最为广泛,其基本原理是利用叶轮旋转而使水发生离心运动来工作。水泵在启动前,必须使泵壳和吸水管内充满水,然后启动电机,使泵轴带动叶轮和水做高速旋转运动,水发生离心运动,被甩向叶轮外缘,经蜗形泵壳的流道流入水泵的压水管路。如图 3-44 所示,离心泵的基本构造分别是叶轮、泵体、泵轴、轴承、密封环、填料函。

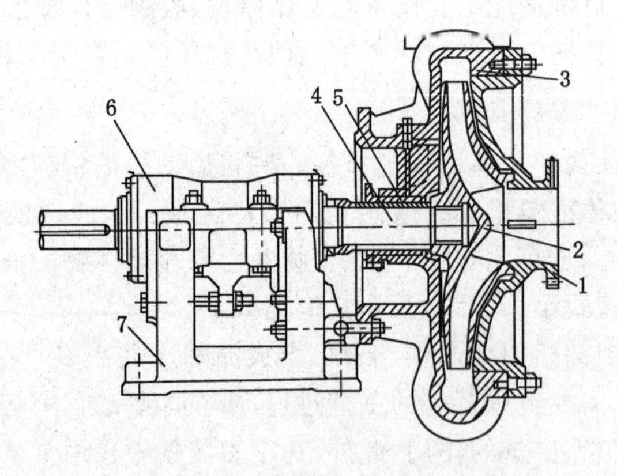

图 3-44　离心泵典型结构

1——吸入室;2——叶轮;3——泵体;4——轴;5——填料密封;6——轴承箱;7——托架

华美公司综合水处理系统(见图 3-45)主要功能是从运河抽水至 2 个工业蓄水池,并向 4 个冷却塔补水。水泵房中装有 13 台离心泵,将工业水池中的蓄水

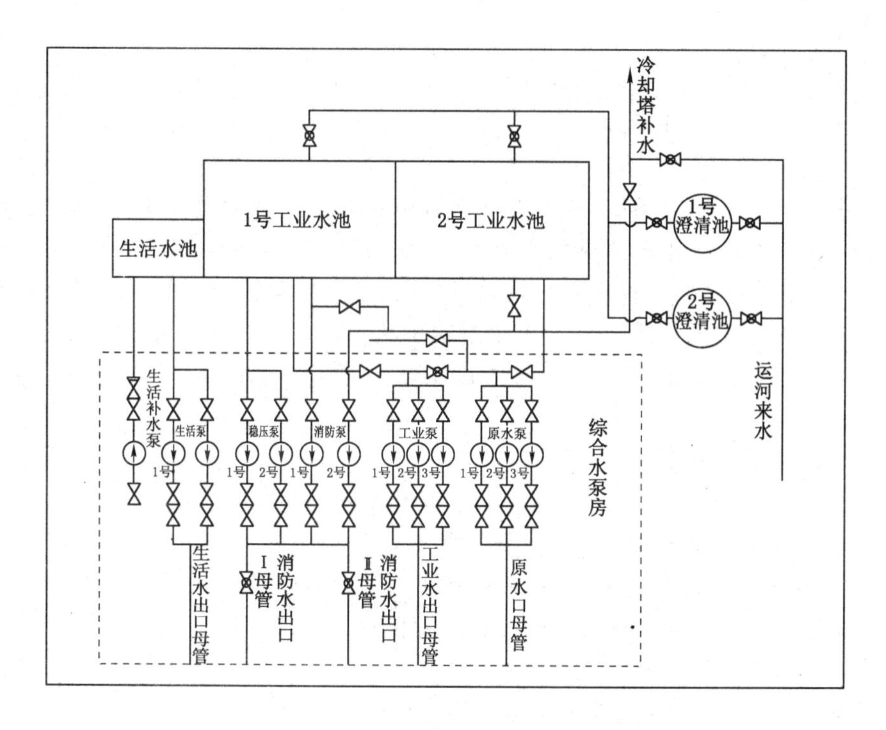

图 3-45 华美公司综合水处理系统图

泵送至消防、冷却、锅炉(经化学水处理系统处理)等生产车间,满足各车间的用水需求。水泵房中的水泵布置如图 3-46 所示,按照"一用一备"或"两用一备"的原则布置。

(a)

(b)

图 3-46 水泵房布置图

(a)"两用一备"的原水泵;(b)"一用一备"的消防泵

实习要求：

① 了解泵在工业生产中的重要作用；

② 了解泵的工作原理、分类和主要性能参数；

③ 了解泵的使用、维护和调节。

电厂化学水处理系统：热力发电厂水汽循环系统中对作为热力系统工作介质及冷却介质的水有严格的水质要求，如高压锅炉给水不仅要求硬度低，而且要求溶氧量、固体含量和有机物含量极微，没有达到给水标准的水将会使发电厂设备无法安全经济运行。为此制定了热力发电厂各种用水的质量指标，即达到《火力发电机组及蒸汽动力设备水汽质量》(GB/T 12145—2016)的标准。

几种常用水处理工艺如下：

① 全离子交换：预处理系统→阳床脱盐系统→脱 CO_2 装置→阴床脱盐系统→混床除盐系统→加氨系统→除氧器→出水→用水点。

② 反渗透+离子交换：预处理系统→一级反渗透系统→脱 CO_2 装置→混床除盐系统→加氨系统→除氧器→出水→用水点。

③ 二级反渗透：预处理系统→一级反渗透系统→脱 CO_2 装置→二级反渗透系统→加氨系统→除氧器→出水→用水点。

④ 反渗透+电除盐：预处理系统→一级反渗透系统→脱 CO_2 装置→EDI 电除盐系统→加氨系统→除氧器→出水→用水点。

华美公司的化学水处理工艺如图 3-47 所示，水处理车间如图 3-48 所示。主要工作由两部分组成：一是将运河来水经过“澄清—泵送—过滤—换热—超滤—泵送——级 RO(反渗透)过滤—泵送—二级 RO 过滤—EDI(连续电解除盐)处理—泵送”等工序后，将水泵送至主厂房(锅炉)使用；二是将生活水经过系列处理后，输送至饮用水灌装线，灌装后的桶装纯净水提供给公司内部饮用，饮用水完全达到相关国家标准。

为保障化学水处理工艺过程按照预设程序和参数自动、高效运行，车间配置 PLC(可编程控制器)自动控制系统及工业监控计算机，用于实时监测水处理工艺过程中各参数，调节流量，控制各泵及阀门，确保处理后的水各项指标达到要求。

实习要求：

① 了解电厂中各车间用水的技术要求，尤其是锅炉车间用水要求；

② 了解水处理过程中各参数采集、转换、显示的流程；

③ 了解换热器的工作原理；

④ 了解可编程控制器、组态软件在工业生产中的应用。

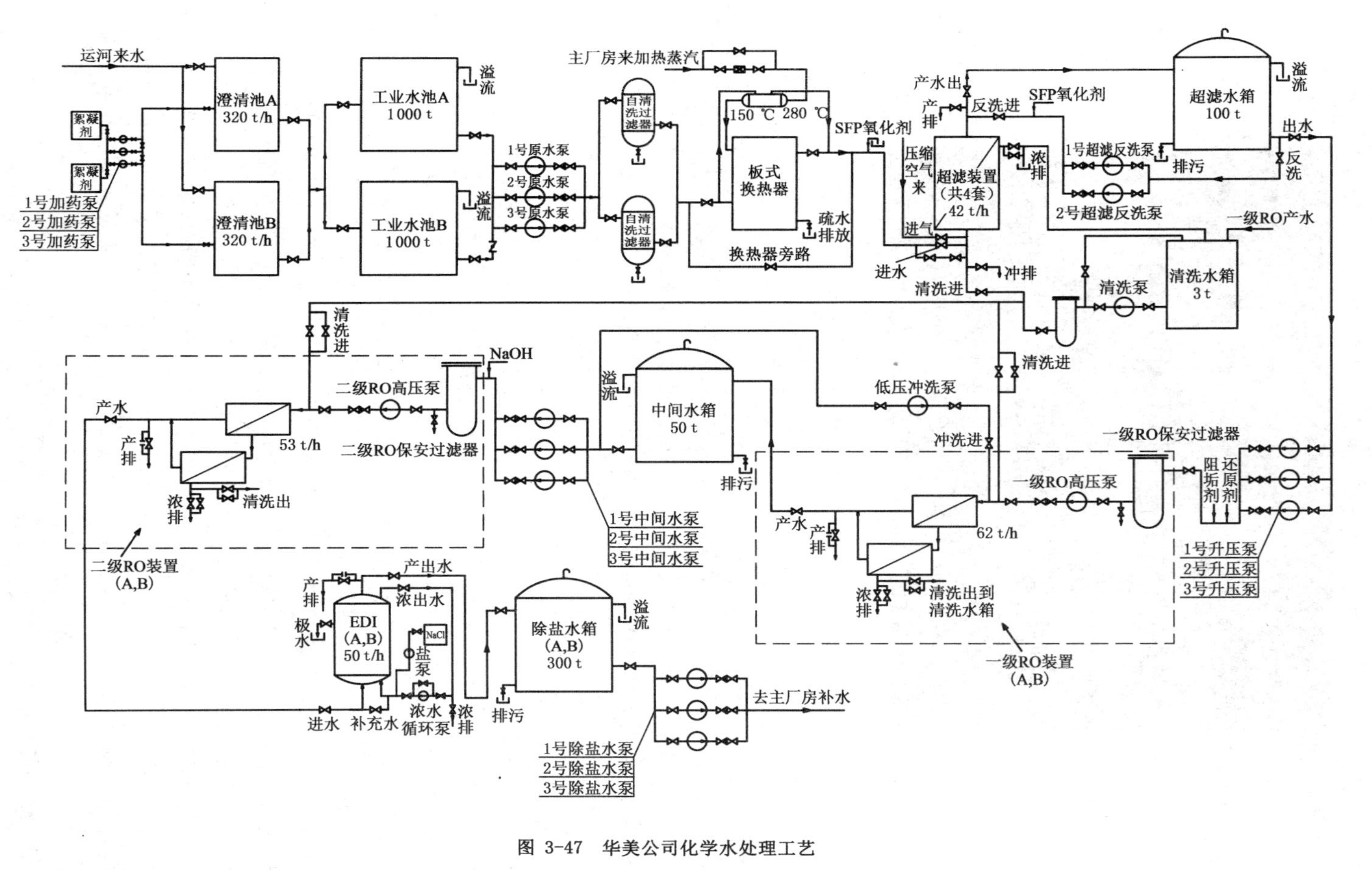

图 3-47 华美公司化学水处理工艺

图 3-48　化学制水处理车间

3.9.2.4　空气压缩系统

空气压缩机作为一种重要的能源产生形式，被广泛应用于生活生产的各个环节。尤其是双螺杆式的空气压缩机被广泛应用于机械、冶金、电力、化工、食品、采矿、交通等众多工业领域，成为压缩空气的主流产品。

螺杆压缩机的工作循环可分为进气、压缩和排气 3 个过程。随着转子旋转，每对相互啮合的齿相继完成相同的工作循环。

进气过程：转子转动时，阴阳转子的齿沟空间在转至进气端壁开口时，其空间最大，此时转子齿沟空间与进气口相通，因在排气时齿沟的气体被完全排出，排气完成时，齿沟处于真空状态，当转至进气口时，外界气体即被吸入，沿轴向进入阴阳转子的齿沟内。当气体充满了整个齿沟时，转子进气侧端面转离机壳进气口，在齿沟的气体即被封闭。

压缩过程：阴阳转子在吸气结束时，其阴阳转子齿尖会与机壳封闭，此时气体在齿沟内不再外流。其啮合面逐渐向排气端移动。啮合面与排气口之间的齿沟空间逐渐缩小，齿沟内的气体被压缩压力提高。

排气过程：当转子的啮合端面转到与机壳排气口相通时，被压缩的气体开始排出，直至齿尖与齿沟的啮合面移至排气端面，此时阴阳转子的啮合面与机壳排气口的齿沟空间为 0，即完成排气过程，与此同时转子的啮合面与机壳进气口之间的齿沟长度又达到最长，进气过程又再进行。

螺杆压缩机的优点：

① 可靠性高。螺杆压缩机零部件少,没有易损件,因而它运转可靠,寿命长,大修间隔期可达4万~8万h。

② 操作维护方便。操作人员不必经过专业培训,可实现无人值守运转。

③ 动力平衡性好。螺杆压缩机没有不平衡惯性力,机器可平稳地高速工作,可实现无基础运转。

④ 适应性强。螺杆压缩机具有强制输气的特点,排气量几乎不受排气压力的影响,在宽广范围内能保证较高的效率。

⑤ 多相混输。螺杆压缩机的转子齿面实际上留有间隙,因而能耐液体冲击,可压送含液气体、含粉尘气体、易聚合气体等。

华美公司空气压缩机房采用4台英格索兰(IngersollRand)螺杆压缩机,主要为石灰石输送、除灰系统、气源仪表及控制器提供空气气源,系统工作流程如图3-49所示。

实习要求:

① 了解空气压缩机在电厂生产过程中的重要作用;

② 了解空气压缩机的典型结构和分类;

③ 了解仪器仪表系统中,电力驱动和气体驱动的要求和区别;

④ 了解空气压缩机主要性能参数及其监测控制。

3.9.2.5 汽水系统

水在锅炉中被加热成蒸汽,经过热器进一步加热后变成过热的蒸汽,再通过主蒸汽管道进入汽轮机。由于蒸汽不断膨胀,高速流动的蒸汽推动汽轮机的叶片转动从而带动发电机。

为了进一步提高其热效率,一般都从汽轮机的某些中间级后抽出做过功的部分蒸汽,用以加热给水。在现代大型汽轮机组中都采用这种给水回热循环。此外,在超高压机组中还采用再热循环,即把做过一段功的蒸汽从汽轮机的高压缸出口全部抽出,送到锅炉的再热汽中加热后再引入汽轮机的中压缸继续膨胀做功,从中压缸送出的蒸汽,再送入低压缸继续做功。在蒸汽不断做功的过程中,蒸汽压力和温度不断降低,最后排入凝汽器并被冷却水冷却,凝结成水。凝结水集中在凝汽器下部由凝结水泵打至低压加热再经过除氧器除氧,给水泵将预加热除氧后的水送至高压加热器,经过加热后的热水打入锅炉,在过热器中把水加热到过热的蒸汽,送至汽轮机做功,这样周而复始不断地做功(见图3-50)。

在汽水系统中的蒸汽和凝结水,由于疏通管道很多并且还要经过许多的阀门设备,难免产生跑、冒、滴、漏等现象,这些现象都会或多或少地造成水的损失,因此我们必须不断地向系统中补充经过化学处理过的软化水,这些补给水一般都补入除氧器中。

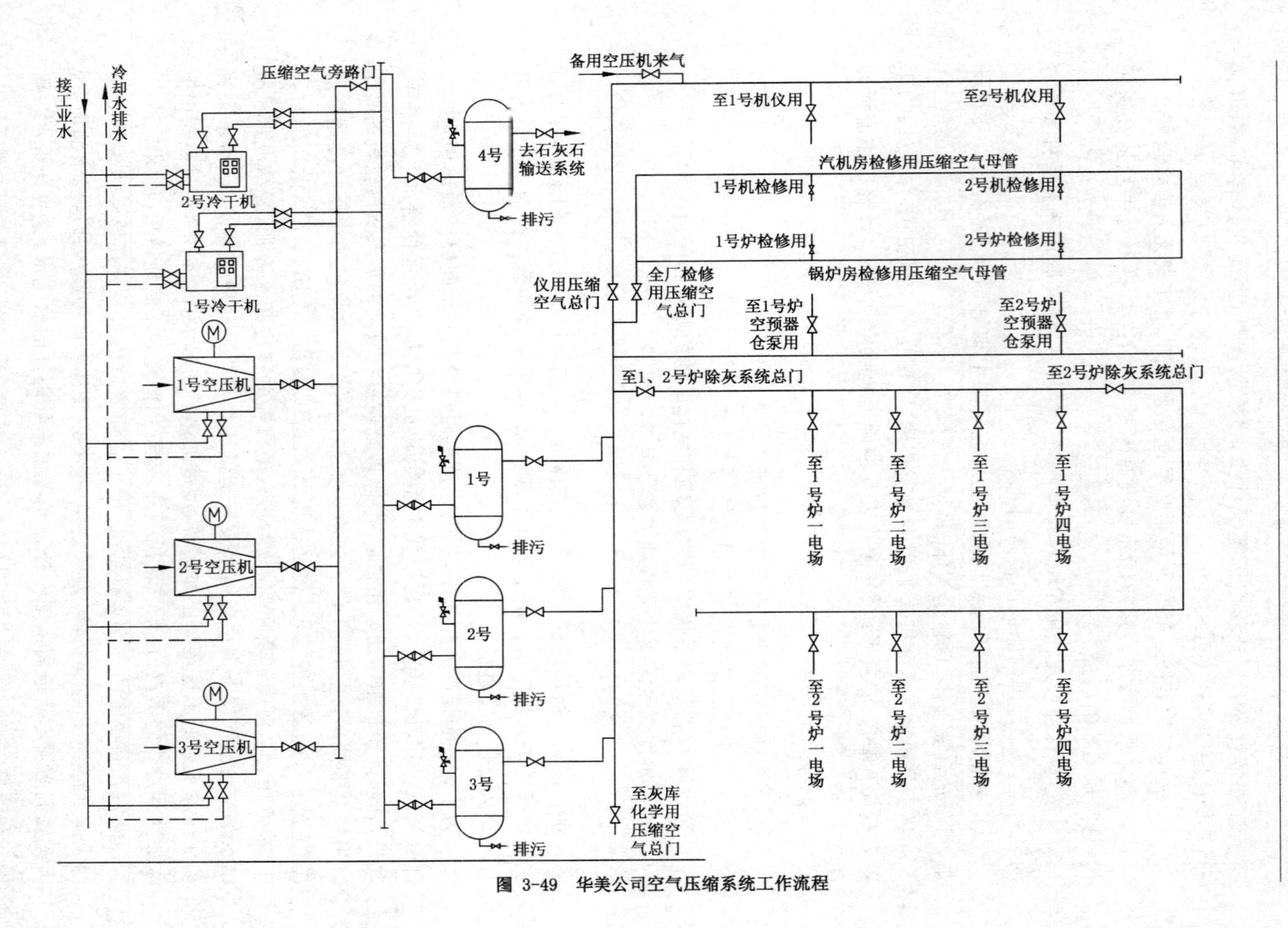

图 3-49　华美公司空气压缩系统工作流程

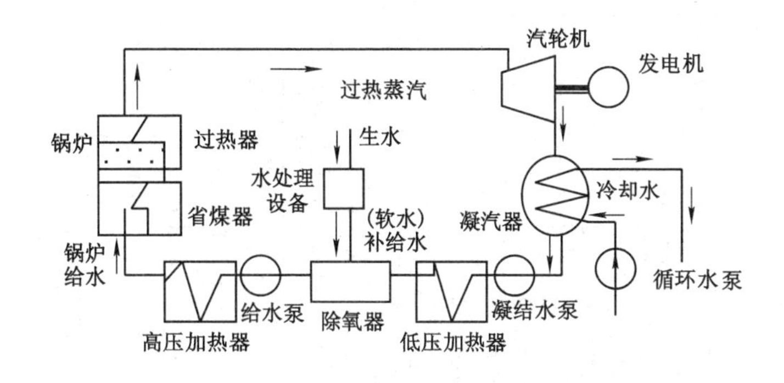

图 3-50 火电厂典型汽水系统流程示意图

如图 3-51 所示，华美公司的汽水系统是由锅炉、汽轮机、凝汽器、高低压加热器、凝结水泵和给水泵等组成，也包括汽水循环、化学水处理和冷却系统等。

实习要求：

① 了解火电厂中汽轮机的重要作用和工作原理；

② 了解火电厂中汽水系统的工作流程；

③ 了解锅炉安全运行对火电厂安全生产的重要作用，了解锅炉监测和控制的主要变量及监控要求；

④ 了解汽水系统中冷却水工作过程。

3.9.2.6 排污系统

火力发电厂是用水量很大的企业之一，在生产过程中会产生各种废水。它可分为两种类型：一种是经常性废(排)水，这部分废水包括：锅炉补给水处理的再生、冲洗废水；凝结水精处理的再生、冲洗废水；取样排水，锅炉排水；澄清过滤设备排放的泥浆废水；主厂房生产排水；生活污水等。另一种是非经常性废(排)水，因是在设备启动、检修、清洗时间断排放的，所以不仅水量变化大和排放时间集中，而且水质也常因机组容量的大小和生产工艺不同而有所差异。这部分废水包括：锅炉清洗废水；锅炉排放污水；锅炉烟侧的冲洗废水；除尘器洗涤废水；冷却塔排污水及冲洗水；煤场废水等。典型的锅炉排污疏水系统如图 3-52 所示。

灰水是电厂主要的废水，其特点一是量大，二是水质复杂多变，因此处理难度较大。目前各电厂都从改进灰的处置系统入手，根据各自的灰水特点，设计适合各自特点的处理方法。改进灰水的处置系统主要有下列方案：

① 浓浆输送。采用浓浆输送时，灰水比可由稀浆输送时的 1∶15～1∶20 降低到 1∶2～1∶4。浓浆灰水进入灰场后，由于渗漏、蒸发等原因而损失，需要

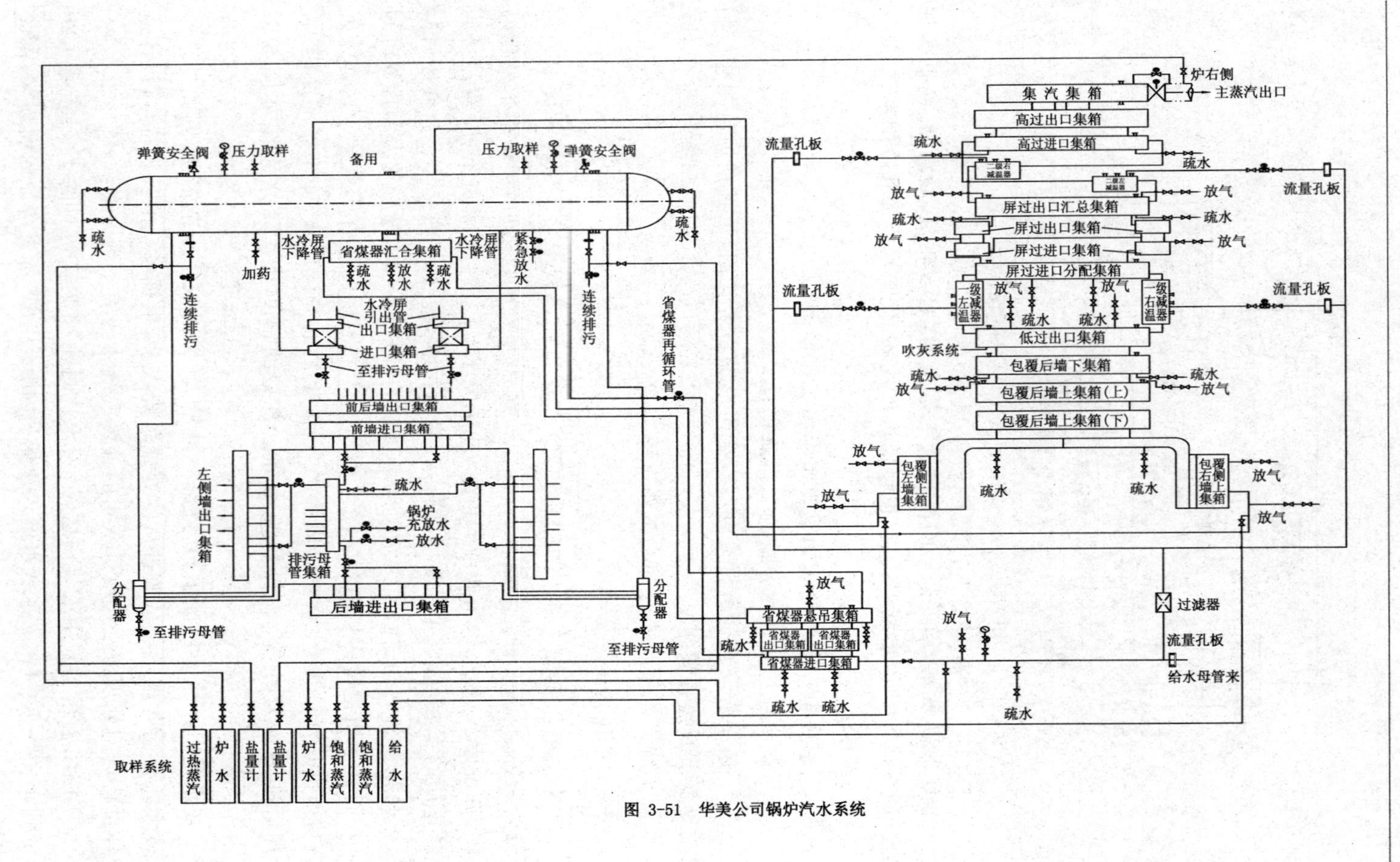

图 3-51 华美公司锅炉汽水系统

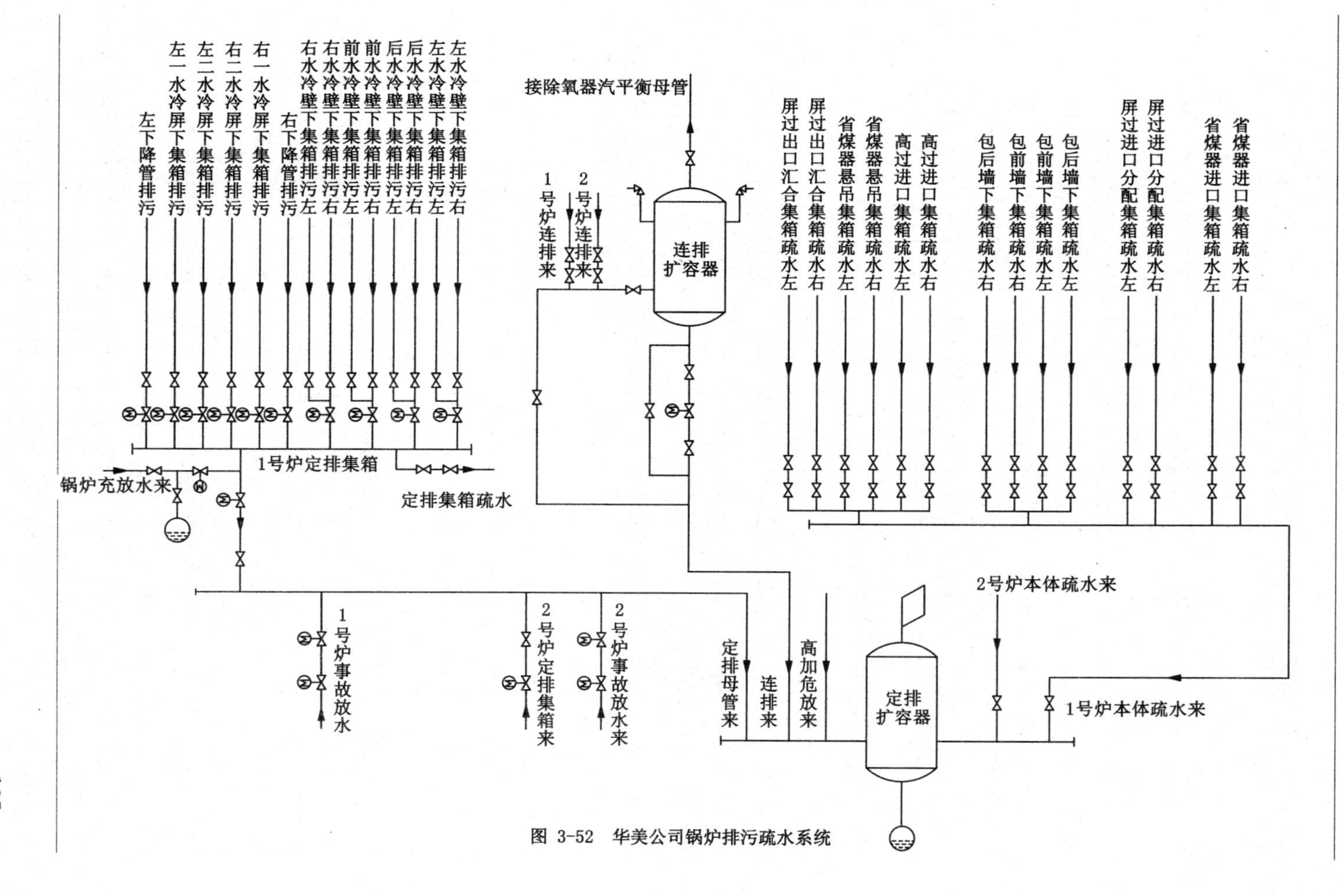

图 3-52 华美公司锅炉排污疏水系统

外排的灰水量很少;需排放的部分灰水,还可以送回厂内浓缩池,经澄清后回收使用,从而进一步节约除灰用水,同时又减少了灰水的外排量。

② 改灰渣混排为灰渣分排。与灰水相比,渣水的 pH 值往往不会超过标准,结垢的倾向也很小,渣水回收的可能性要远超过灰水。通常,渣水经脱水仓脱水后可绝大部分回收。如果灰渣混排,渣水因灰水的混入而难以回收。

③ 灰水回收。在灰场设置灰水回收池和灰水泵房,将灰水送回厂内再利用,实现灰水闭路循环。在灰水闭路循环系统内,由于灰与水重复地接触,使灰中的可溶物质(尤其是氧化钙)不断溶出,因而灰水的 pH 值和钙离子、硫酸根离子的浓度不断上升,导致回水系统结 $CaCO_3$、$CaSO_4$ 垢的趋势增加,不利于灰水回收系统的正常运行。要保证灰水的回收,就必须解决回水系统的防垢问题。目前,灰水回收系统常用的防垢措施有磁化防垢、加酸法和加阻垢剂法防垢。

实习要求:

① 了解火电厂排污涉及的主要车间和设备;

② 了解火电厂排污需要的主要设备和工作流程;

③ 了解火电厂排污系统的自动控制;

④ 了解火电厂排污系统的后续处理工艺。

3.9.2.7 风烟系统

如图 3-53 所示,锅炉的风烟系统由送风机、引风机、空气预热器、烟道、风道等构成。采用平衡通风方式,冷空气由两台送风机克服送风流程(空气预热器、风道、挡板等)的阻力,送入空气预热器预热;空气预热器出口的热风经热风联络母管,一部分进入炉两侧的大风箱,并被分配到燃烧器二次风进口,进入炉膛;另一部分引到磨煤机热风母管作干燥剂并输送煤粉。炉膛内燃烧产生的烟气经锅炉各受热面分两路进入两台空气预热器,经空气预热器预热后的烟气进入电除尘器,由两台引风机克服烟气流程(包括受热面、除尘器、烟道、脱硫设备、挡板等)的阻力将烟气抽吸到烟囱排入大气。

① 一次风系统。一次风系统的作用是用来干燥和输送煤粉,并供给燃料燃烧所需要的空气。大气经滤网和消音器进入一次风机,压头提升后,经冷一次风总管分为两路:一路进入磨煤机前的冷一次风管;另一路流经空气预热器,加热成热一次风后进入磨煤机前的热一次风管,热一次风和冷一次风混合后进入磨煤机。在合适的温度和流量下,煤粉被一次风干燥并经煤粉管道输送到燃烧器喷嘴喷入炉膛燃烧一次风的流量取决于燃烧系统所需的一次风量和流经空气预热器的漏风量。密封风机风源来自冷一次风,并最终通过磨煤机而构成一次风的一部分。一次风机出口到空气预热器进口不设置预热装置。

② 二次风系统。二次风系统的作用是供给燃料燃烧所需的大量热空气。送

风机出口的二次风流经空气预热器的二次风风仓。在空气预热器出口热二次风道设置热风再循环管道，即在环境温度比较低的时候，将空气预热器出口的二次热风引一部分到送风机的入口，以提高进入空气预热器的冷二次风温度，防止空气预热器的低温腐蚀。每台空气预热器对应一组送风机和引风机。两个空气预热器的进、出口风道都横向交叉连接在总风道上，用来向炉膛提供平衡的空气流。

③ 烟气系统。烟气系统的作用是将燃料燃烧生成的烟气流经各受热面传热后连续并及时地排入大气，以维持锅炉正常运行。煤中灰分是不可燃的物质，从锅炉排出的烟气中总是带有细灰粒及未烧完的炭粒，这些固体颗粒称为飞灰。在固态排渣的煤粉炉中飞灰占总灰量的90%以上。飞灰对锅炉本身会产生不利影响，会使锅炉受热面积变小，影响热交换等；如果这些飞灰都随烟气排入大气，对环境、人身健康和植物的生长等都有极大的危害。为了减轻危害，在发电厂锅炉设备中都装有烟气净化设备——除尘器。除尘器装在吸风机前的烟道中，但除尘器不能将飞灰从烟气中全部除去，为使残留在烟气中的飞灰能散布到较大的地域范围，对发电厂的烟囱都要求有相当的高度。

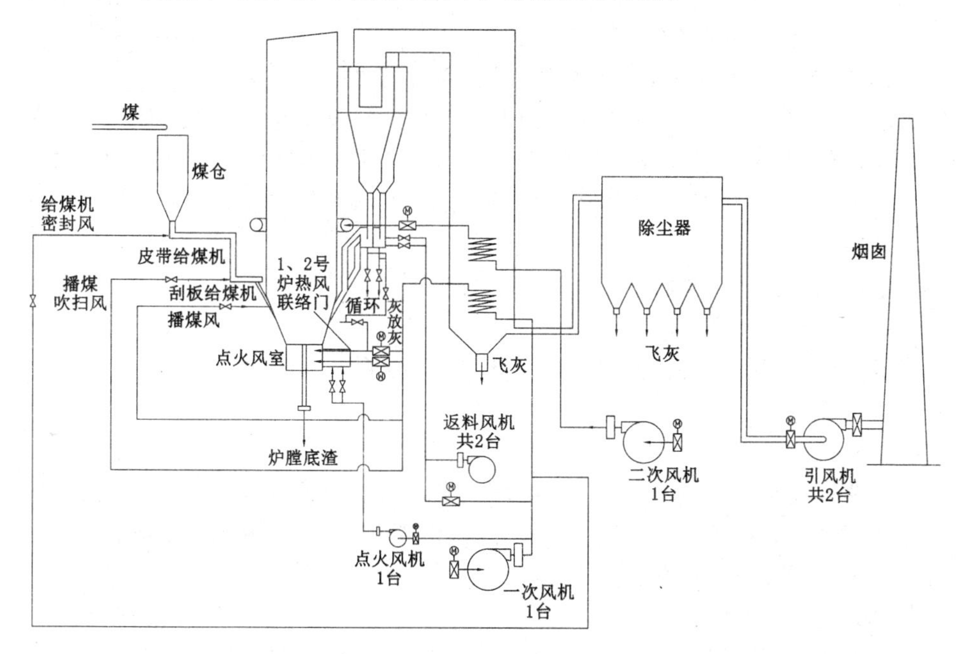

图3-53 华美公司风烟系统

实习要求：

① 了解火电厂风烟系统的工作流程；

② 了解火电厂风烟系统中的主要流体机械设备和工作原理；

③ 了解火电厂风烟系统中主要设备和参数的监测及过程自动控制；

④ 了解通过火电厂烟囱排放烟气所含的主要成分以及对环境(大气)的危害。

3.9.2.8 电气及控制系统

火电厂生产过程中的变化是复杂、迅速且连续不断的。为了维持设备的正常、经济运行，只依靠运行值班人员对设备的监视、控制、调整、启动、停止、事故处理等是难以做到的，而且长时间高度集中，运行人员十分疲劳，稍有疏忽，容易误操作造成事故，实现生产过程的自动化非常必要。火电厂自动化包括热控自动化和电气自动化两大部分，本节阐述电气自动化及其控制系统。

电气系统自动化监控系统主要由以下几个部分组成：

① 发电机—变压器组监控；

② 励磁系统的监控；

③ 高压厂用电系统的监控；

④ 继电保护系统的监控；

⑤ 自动准同期装置(ASS)的监控；

⑥ 直流系统和在线稳压电源系统(UPS)的监控。

电厂电气自动化应实现对发变组及高低压电气设备电气参数实时监测和安全监控，有效提高电厂运行安全性和可靠性，保证供电电能质量，减少值班人员，改善运行人员的工作条件。根据调度指令实现机组功率的经济分配，提高电厂经济效益，满足电厂综合运行管理功能。

电厂电气自动化监控系统应当具备的功能有：

(1) 实时数据采集

通过间隔层装置对各元件的模拟量、开关量、脉冲量等实时数据进行采集并存入数据库。

(2) 监测画面显示

主要监控画面应包括：电气主接线图、发电机接线图、励磁系统接线图、启备变接线图、6 kV 厂用电系统图、380 V 厂用电系统图、直流电源系统图、UPS 电源系统图等，并有电压棒图、负荷曲线显示。

(3) 远程集中控制

主要工艺、关键设备及危险区域设备实现远程集中控制，实现远程、车间、现场三级控制层次。

(4) 控制闭锁功能

跳合开关、投退软压板，具有断路器、隔离开关、接地刀闸之间的操作闭锁功能，设置操作员密码，以适应各级管理。

(5) 故障预警、处理、存储功能

对各类系统故障、设备故障、控制故障等能实时报警，根据预先制定的程序采取相应的处理措施，对故障信息实现存储，便于事后分析处理。

(6) 数据存储、打印功能

监控参数按照要求实现长期存储，以备检查、分析、评估使用；能够打印运行参数、画面、报表、棒图、曲线、实时数据库等。

(7) 数据信息共享和远程传输功能

监控信息实现与其他监控系统、管理系统数据共享，便于多系统数据交换，能实现远程传输，为上级管理部门及人员、企业技术主管和决策层、安全生产监督管理部门提供必要数据和信息。

电气控制系统与其他工艺控制系统通常融入电厂DCS(分布式)控制系统。DCS控制系统按电厂运行逻辑，根据各种模拟数据量，经过电厂运行的逻辑实现对各种执行部件的控制，确保电厂安全生产，同时减少人工误差，通过对各种数据的分析和判断，能有效提高生产效率。

DCS控制系统是由过程控制级和过程监控级组成的以通信网络为纽带的多级计算机系统，综合了计算机、通信、显示和控制等4C技术，其基本思想是分散控制、集中操作、分级管理、配置灵活、组态方便。如图3-54所示，DCS控制系统主要包括现场级、控制级、监控级和管理级。现场级主要由现场仪表和执行机构组成。控制级由过程控制站、I/O单元组成。监控级由上位计算机、人机界面组成，是系统控制功能的主要实施部分。控制级包括操作员站和工程师站，完成系统的操作和组态。管理级主要是指工厂管理信息系统(MIS系统)，为企业管理层全面掌握生产状况、进行决策提供参考。华美公司DCS分布式控制系统如图3-55所示。

国外著名的DCS厂家主要有Honeywell(美国霍尼韦尔国际公司)、Yokogawa(日本横河电机株式会社)、Siemens(德国西门子公司)、Westinghouse(美国西屋电气公司)、Emerson(美国艾默生电气公司)、Foxboro(美国福克斯波罗公司)等；国内著名的DCS厂家主要有浙江中控技术股份有限公司、上海新华控制技术有限公司、北京和利时公司等。这些DCS系统广泛应用在核能、电力、石化、食品、造纸、冶金、纺织、市政等国民经济关键领域。

实习要求：

① 了解火电厂自动化程度对安全生产、高效生产的重要作用；

② 了解当前工业控制领域主流的DCS控制系统及其应用情况；

③ 了解华美公司DCS控制系统主要子系统、功能、优点及存在的不足；

④ 了解DCS控制系统和PLC控制系统的区别。

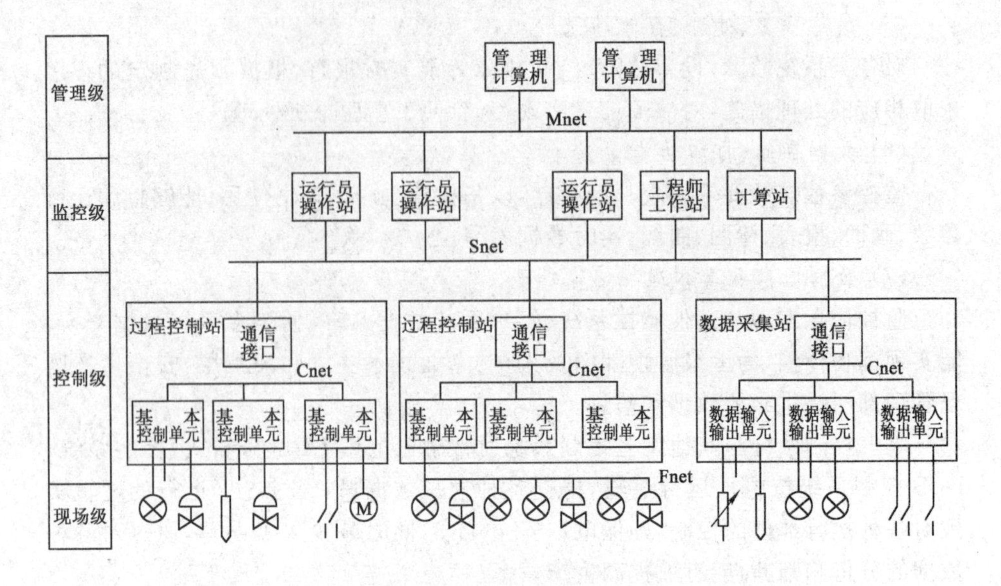

图 3-54 典型 DCS 控制系统拓扑图

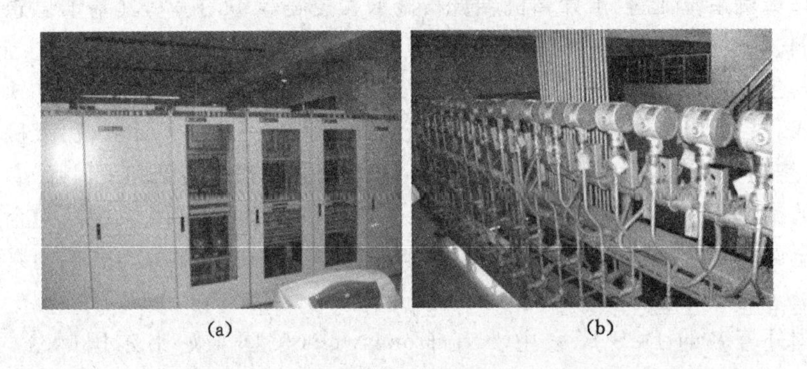

(a) (b)

图 3-55 华美公司 DCS 分布式控制系统

(a) DCS 控制系统后台机柜;(b) DCS 控制系统的现场仪表

3.10 煤焦化工艺实习

3.10.1 实习目的与要求

① 了解焦化厂的主要产品及其生产工艺流程;

② 了解焦化厂主要生产加工设备的工作原理与典型结构,了解焦化企业安全生产、管理及环保方面的基本知识。

3.10.2　实习内容

焦化生产一般由备煤、炼焦、煤气净化和生产辅助设施组成。备煤车间的任务是为焦炉制备符合炼焦用煤质量要求的煤料。备煤车间一般由卸煤、贮煤、配煤、粉碎等工段及带式输送机等组成。有的焦化厂还有选煤工段。炼焦车间是将煤加热炼制成焦炭和煤气。炼焦车间一般由炼焦、熄焦和筛焦(焦处理)工段组成。有的大型焦化厂还建有干熄焦装置。煤气净化车间是将焦炉生产的粗煤气进行净化并回收化工产品。煤气净化车间一般由冷鼓、脱硫、脱氨、脱苯和污水处理等工段组成。生产辅助设施包括供水、供电、供汽及产品的检、化验等。

3.10.2.1　焦化及焦化主要产品简介

煤在隔绝空气的条件下,加热到 950～1 050 ℃,经过干燥、热解、熔融、黏结、固化、收缩等阶段最终制得焦炭,这一过程称为高温炼焦或高温干馏。高温炼焦的主要产品为焦炭、煤气,副产品包括甲醇、粗苯、焦油、硫铵,其中粗苯属于有机类危险化学品。

焦炭主要用于高炉炼铁和用于铜、铅、锌、钛、锑、汞等有色金属的鼓风炉冶炼,起还原剂、发热剂和料柱骨架作用。

焦炉煤气主要成分是氢气(55%～60%)、甲烷(23%～27%)以及一氧化碳(5%～8%)等其他组分,是大吨位能源资源和化工原料。焦炉煤气可用来合成氨、甲醇和化学肥料等。将其净化后,可以用作工业燃料和民用煤气。从焦炉煤气中可提取氨,氨的产率为 0.25%～0.4% (质量分数),用于生产硫酸铵和无水氨;可提取粗苯和酚类产品,粗苯精制可得到苯、甲苯、二甲苯、溶剂油、古玛隆树脂等;还可提取吡啶、轻吡啶盐基,提取的吡啶主要用于医药工业。

煤焦油是黑色或黑褐色的黏稠状液体,是一种基础原料,需对其进行加工提炼后分级利用。我国煤焦油主要用来生产轻油、酚油、萘油、洗油、蒽油及改性沥青等。再经深加工可制取酚、甲酚、二甲酚、苯酚、萘、蒽、菲、咔唑等多种化工原料。现在能提取的成分已有五十多种,它们是生产塑料、合成纤维、染料、橡胶、医药、耐高温材料以及国防用品的重要原料。

3.10.2.2　焦化分厂的主要工艺流程及设备

焦化厂一般均包括焦化分厂和化工分厂两部分。

焦化分厂的生产主要分为以下几工段,即:配煤、炼焦、熄焦和筛焦。

(1) 配煤工段

焦炭质量的高低取决于炼焦煤的质量、煤的预处理和炼焦过程等。炼焦煤的制备是炼焦生产的第一道工序,该工艺过程包括来煤的接收、储存、倒运、粉碎、配合和混匀等工序。配煤工段流程简图如图 3-56 所示。为了扩大煤源,可采用干燥、预热、捣鼓、配型煤、配添加剂等预处理方法。

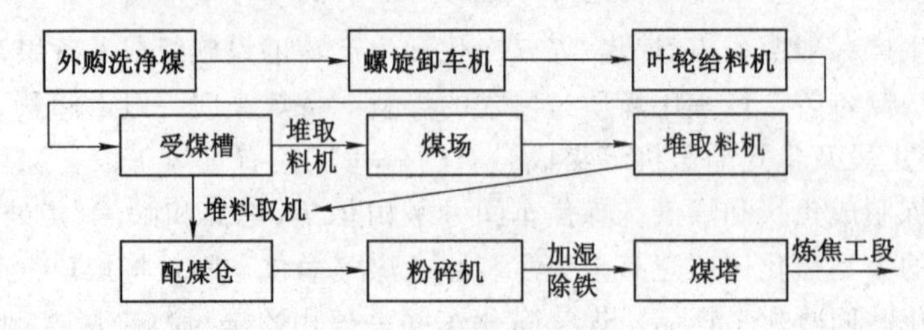

图 3-56　配煤工段流程简图

煤场堆放最好分煤种、分厂家堆放，以便于配煤。因为每个厂家煤的性质都略有不同，库存应保证至少半个月以上使用，以便应急和合理配煤，另外夏季需经常抽测煤堆内部温度，控制在≤55 ℃，防止自燃，超出范围及时倒堆处理。煤场与堆取料机见图 3-57。图 3-58 为煤场装卸桥。

图 3-57　煤场与堆取料机

图 3-58　煤场装卸桥

炼焦煤通常由气煤、肥煤、焦煤和瘦煤四种煤按一定配比混合而成。

配煤过程主要通过配煤仓和其底部的配煤装置完成。配煤仓有多个，一般每个煤仓内存放一种煤，煤仓底部为配煤槽，配煤槽主要由卸煤装置、槽体和锥体三部分组成。广泛采用的是圆形配煤槽。

配煤槽顶部一般采用移动胶带机卸料，配煤槽下部是锥体部分，即圆锥形斗嘴或双曲线形斗嘴。圆锥形斗嘴的斜角应不小于60°，同时内壁面力求光滑，减少摩擦以保证配煤槽均匀放料。煤料在配煤槽内由上往下移动，通过斗嘴到配煤盘(见图3-59)或电磁给料机(见图3-60)，由配煤盘或电磁给料机将煤放到配煤皮带上(见图3-61，图3-62)。配煤槽底部通常安装有空气炮等风力振煤装置(见图3-63)，以便及时处理放煤口上部堵塞或悬料现象。配好的煤破碎后，经皮带转运至煤塔(见图3-64)，供炼焦工段使用。

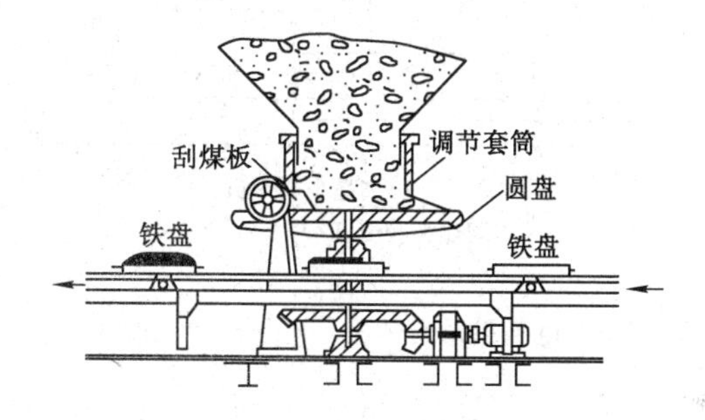

图3-59 配煤盘示意图

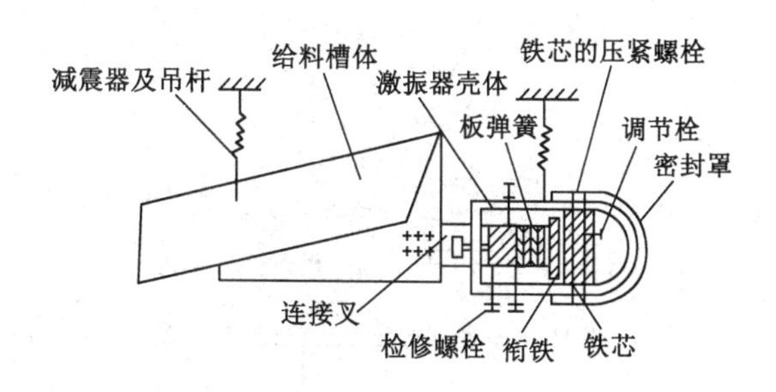

图3-60 电磁振动给料机示意图

(2) 炼焦工段

炼焦(又称煤炭的焦化)是将煤在隔绝空气的条件下进行干馏的过程，其产物主要有挥发性的气体(煤气、焦油气、蒸汽等)、不挥发性的液体(主要是煤焦

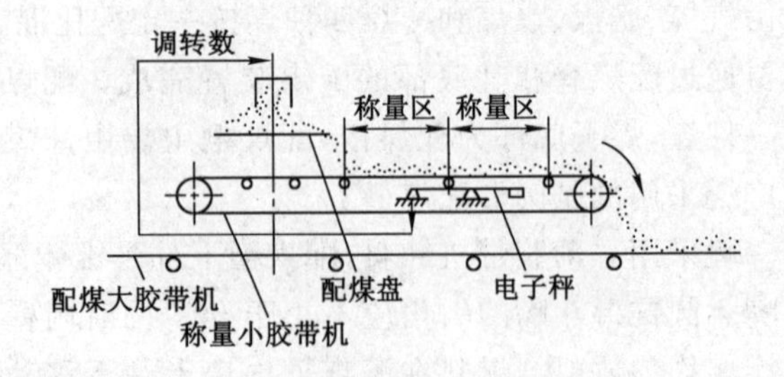

图 3-61　配煤盘—电子秤自动配煤装置

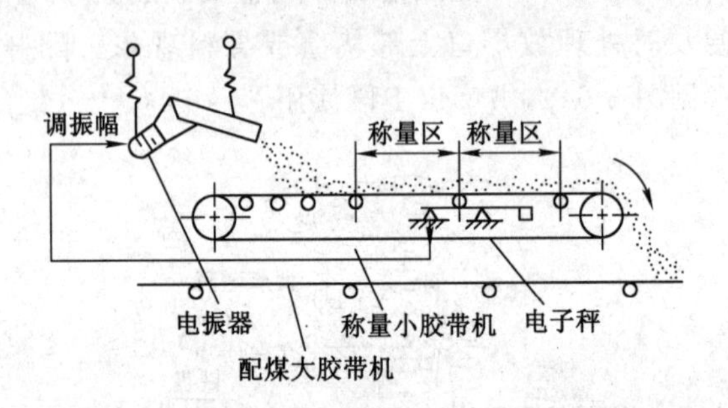

图 3-62　电磁振动给料机—电子秤自动配煤装置

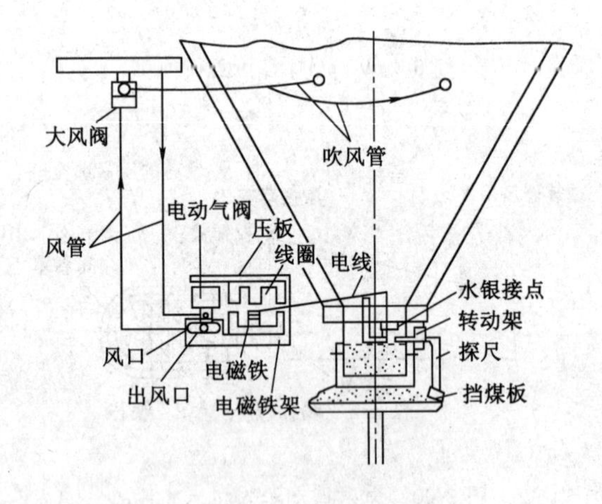

图 3-63　自动风力振煤装置

油)和固体残留物——焦炭。根据干馏条件的不同,可分为低温干馏(温度在500～550 ℃)、中温干馏(温度在700～900 ℃)和高温干馏(温度在950～1 050 ℃)三种。

图3-64 煤塔

炼焦工段工艺流程简图如图3-65所示。

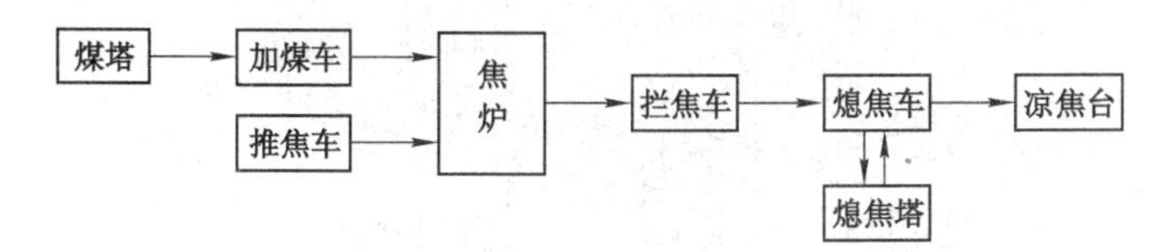

图3-65 炼焦工段工艺流程简图

按装煤方式不同，炼焦有顶装炼焦与捣固炼焦之分。常规顶装炼焦是通过炉顶装煤车将煤从炉顶落入炭化室，即重力装煤，堆密度约0.75 t/m^3；捣固炼焦是通过机侧推焦装煤车将经捣固机捣实的煤饼从机侧推入炭化室，堆密度为0.95～1.15 t/m^3。

同顶装炼焦相比，捣固炼焦原料范围宽，可以多配入高挥发分煤和弱黏结性煤；同样配煤比条件下，焦炭质量可以得到改善，M40提高1%～6%，M10降低2%～4%，反应后强度CSR提高1%～6%；捣固炼焦比顶装炼焦多用气煤、1/3焦煤约8%，多用瘦煤、贫瘦煤约7%，相应少用焦煤9%、肥煤5%，而所产生的焦炭质量与顶装炼焦焦炭质量大体相当；在炉孔数和炭化室尺寸相同条件下，捣固焦炉由于入炉煤堆重提高30%～40%，其产能比顶装焦炉提高15%以上；在生产操作方面，捣固炼焦侧装煤比顶部重力装煤设备复杂、操作要求较高。

焦化厂生产规模不同时，捣固焦生产流程略有不同。大焦化厂捣固焦工艺流程：由备煤车间送来的合格配煤装入煤塔，通过摇动给料器将煤装入装煤车内的煤箱内（下煤不顺畅时，采用风力振煤措施），并将煤捣成煤饼，装煤车按作业时间将煤饼从机侧送入炭化室内。小焦化厂捣固焦流程:推焦装煤车到煤塔取煤,经捣固机捣固成煤饼后,将煤装入待装煤炭化室内,导烟车(消烟除尘车)除尘后,盖上消烟除尘孔盖和上升管盖,在规定结焦时间内进行炼焦。炭化室内的焦炭成熟后,由推焦装煤车将红焦经拦焦车导焦槽推入熄焦车车厢内,经湿法(或干法)熄焦后,卸在凉焦台上,熄焦后经运焦皮带转运至筛焦楼,筛分后转入各级焦仓。

炼焦工段的主要机械设备除了焦炉外,主要包括“四车一机”,捣固焦生产中还包括捣固机。

焦炉是炼焦的主要场所,其主要组成如图 3-66 所示。

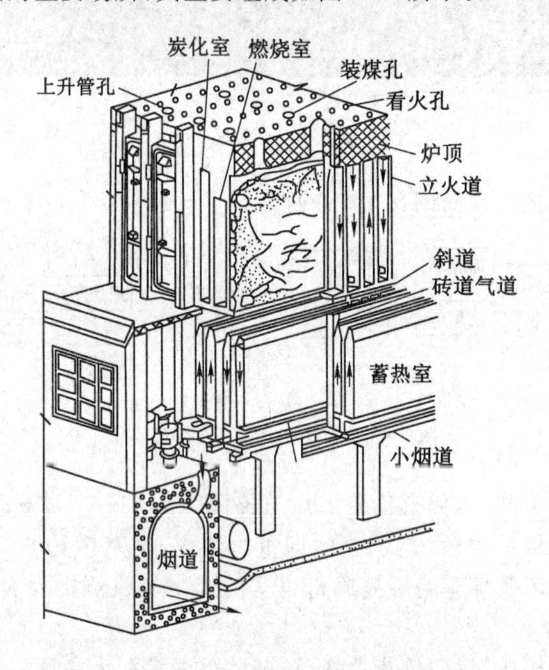

图 3-66　焦炉炉体结构模型图

炼焦炉“四车一机”(见图 3-67)主要指:装煤车、推焦车、拦焦车、熄焦车和交换机。

① 装煤车:装煤车是在焦炉炉顶上由煤塔取煤并往炭化室装煤的焦炉机械。装煤车由钢结构架、走行机构、装煤机构、闸板、导管机构、振煤机构、开关煤塔斗嘴机构、气动(液压)系统、配电系统和司机操作室组成。大型焦炉的装煤车功能较多,机械化、自动化水平较高。

② 推焦车:推焦车的作用是完成启闭机侧炉门、推焦、平煤等操作。主要由

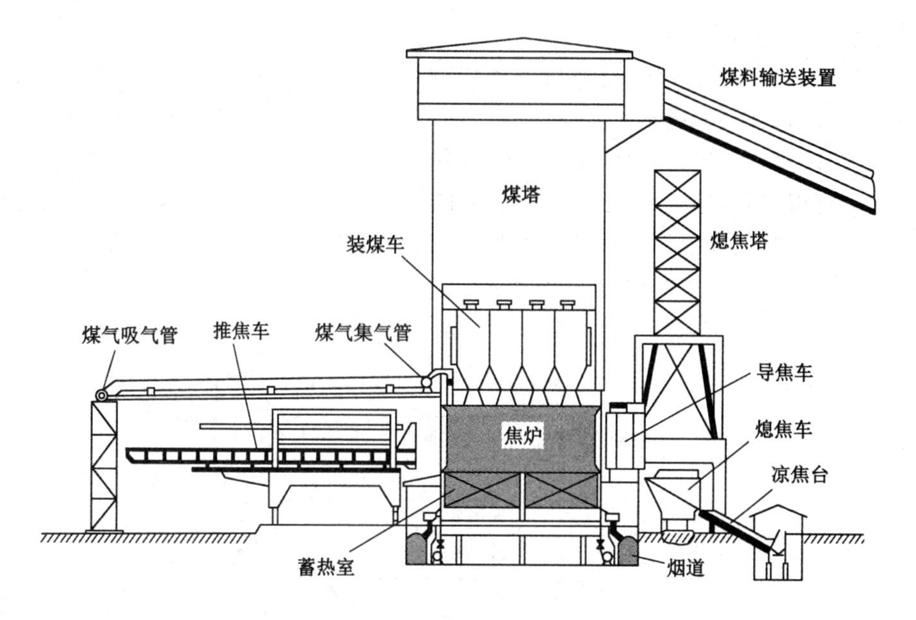

图 3-67 焦炉机械装置

钢结构架、走行机构、开门装置、推焦装置、平煤装置、气路系统、润滑系统以及配电系统和司机操作室组成。

③ 拦焦车:拦焦车由摘门和导焦两大部分组成。其作用是启闭焦侧炉门,将炭化室推出的焦饼通过导焦槽导入熄焦车中,以完成出焦操作。为防止导焦槽在推焦时后移,还设有导焦槽闭锁装置。

④ 熄焦车:熄焦车由钢架结构、走行台车、耐热铸铁车厢、开门机构等部位组成,用以接收由炭化室推出的红焦,并送到熄焦塔通过水喷洒而将其熄灭,然后再把焦炭卸至晾焦台上。操作过程中,由于经常在急冷急热的条件下工作,故熄焦车是最容易损坏的焦炉机械。

⑤ 捣固机:捣固机是将储煤槽中的煤粉捣实形成煤饼的机械。捣固机有可移动式的车式捣固机和固定位置连续成排捣固机两种。可移动式的捣固机上有走行传动机构,每个捣固机上有 2~4 个捣固锤,由人工操作,沿煤饼方向往复移动,分层将煤饼捣实。连续捣固机的捣固锤头多,在加煤时,锤头不必来回移动或在小距离内移动,煤塔给料器采用自动控制均匀薄层连续给料。

⑥ 装煤推焦车:捣固焦炉的装煤推焦车除了摘门、推焦外,还增加了推送煤饼的任务,同时取消了平煤操作。相应地,车辆上增加了捣固煤饼用的煤槽以及往炉内送煤饼的托煤板等机构。通常箱形煤筒的一侧是固定壁,另一侧是活动壁,煤箱前部有一个可张开的前臂板,装煤饼时打开,托煤板托着煤饼一起进入

炭化室,装完煤后抽出。

⑦ 煤气交换机:煤气交换机是用以改变焦炉加热系统气体流动方向的设备,通过拉条、杠杆、链条等带动交换旋塞和废气盘砣杆及空气盖板进行有规律的开关,以改变煤气、空气和废气的流动方向。炼焦过程所需要的加热煤气来源于炼焦过程本身,除了自产煤气外,多余的煤气可用于外供或其他生产用途,交换机是用于控制加热煤气系统的主要设备。

(3) 熄焦与筛焦工段

熄焦与筛焦工段的工艺流程简图如图 3-68 所示。

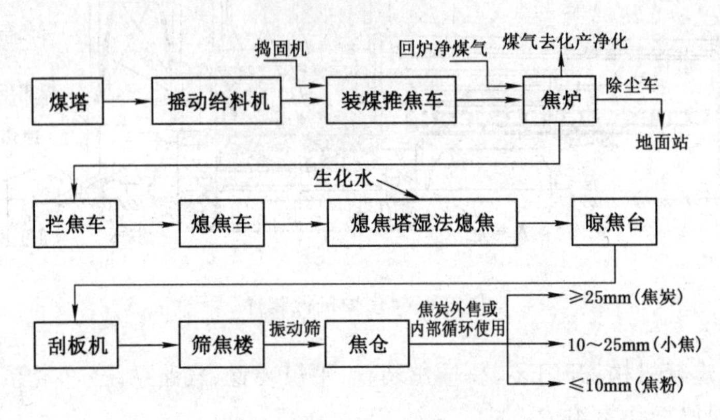

图 3-68 熄焦与筛焦工段的工艺流程简图

熄焦是指将炼制好的赤热焦炭冷却到便于运输和贮存的温度。煤炭经过高温干馏过程生成焦炭,此过程称为炼焦,炼焦过程是在炼焦炉内进行的。炼焦终了时,焦炭的温度一般在 950～1 100 ℃,经过熄焦将温度降到 250 ℃以下。熄焦的方式有炉内熄焦和炉外熄焦两种,炉内熄焦是在炼焦炉内用蒸汽或煤气将焦炭冷却后再卸出焦炉。这种熄焦方式只用于连续式直立焦炉。现代水平室式的炼焦炉均采用炉外熄焦,炉外熄焦又分为湿法熄焦和干法熄焦两类。

湿法熄焦过程:熄焦车将高温焦炭运至熄焦塔,直接利用水浇洒在高温焦炭上降温。熄焦塔上方装有几组喷淋水头,直接喷淋降温,产生大量蒸汽由熄焦塔顶部冒出。干法熄焦工艺流程比较复杂,从焦炉炭化室中推出的 950～1 050 ℃的红焦经过拦焦车的导焦栅落入运载车上的焦罐内,运载车由电机车牵引至干熄焦装置提升机井架底部,由提升机将焦罐提升至井架顶部,再平移到干熄炉炉顶。焦罐中的焦炭通过炉顶装置装入干熄炉。在干熄炉中,焦炭与惰性气体(主要成分 N_2)直接进行热交换,被冷却至 250 ℃以下。冷却后的焦炭经排焦装置卸到胶带输送机上,送到筛焦系统。从干熄炉环形烟道出来的高温惰性气体流经干熄焦锅炉进行热交换，锅炉产生蒸汽，冷却后的惰性气体由循环风机重新鼓入干熄炉，惰性气体在封闭的系统内循环使用。

常规的湿法熄焦工艺简单，投资少，但不能回收焦炭的高温显热，对环境的污染也较大。干法熄焦能回收焦炭的高温显热，改善焦炭质量，对环境污染较小，但投资较湿法高。

干法熄焦的原理如图 3-69 所示。

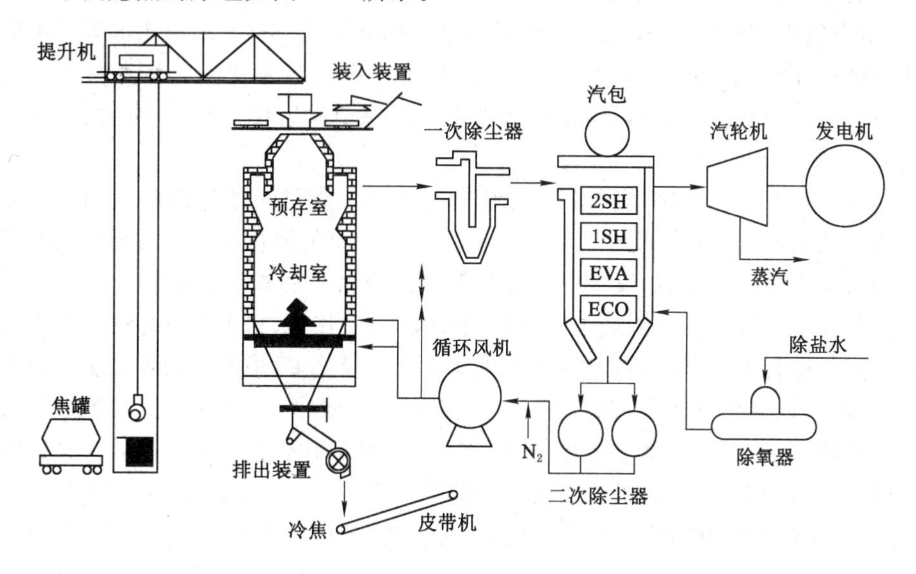

图 3-69 干法熄焦的原理

筛焦过程的主要设备有振动筛、滚筒筛、气流筛等。

振动筛是利用振动电机带动产生的激振力完成筛分的，根据运动轨迹可分为直线振动筛、圆振动筛和旋振筛等。振动筛筛分物料涵盖范围广，筛分效率高，处理量大，但是对于粉尘类、颗粒小的物料筛分效果欠佳。

滚筒筛是通过自身滚动，使物料从高运动到底部通过筛网最终完成筛分。其筛分效率相当高；虽然体型庞大，但是工作起来不会出现煤粉扬尘的情况，因为有密封的隔离罩；它的维修量少，没有易损件，在使用中非常省心；滚筒筛具有自清功能，可以有效解决筛网堵塞的情况。

气流筛可以补充振动筛的缺点，在微粉筛分方面表现非常突出。它利用气流为载体，将微粉类物料吹向筛网达到筛分目的，筛分效率极高，环保高效，干净整洁，不会出现粉尘到处飞的现象。

3.10.2.3 化工分厂的主要工艺流程及设备

将煤装入焦炉炭化室后，在隔绝空气的条件下对其进行加热，在高温作用下,煤质逐步发生一系列的物理和化学变化。装入煤在 200 ℃以下蒸出表面水分,同时析出吸附在煤中的二氧化碳、甲烷等气体。随着温度的升高,煤开始软化和熔融形成胶体状物质(称为胶质层),并分解产生气体和液体。在 600 ℃以前,从胶质层中析出的蒸汽和气体叫作初次分解产物,主要含有甲烷、一氧化碳、二氧化碳、化合水及初次焦油气等,含氢量很低。温度继续升高,胶质层开始固化形成半焦。挥发物从半焦中逸出,进一步分解形成新的产物,如氮与氢生成氨,硫与氢生成硫化氢,碳与氢则生成一系列的碳氢化合物及高温焦油等。温度继续升高,随着半焦中的挥发物不断逸出,半焦则收缩并变成焦炭。通常情况下,炭化室中焦炭成熟的最终温度为 950～1 050 ℃,焦炭中残余的挥发分含量为 1%～2%。

炼焦生产过程中,焦炭与各种化学产品的产率随炼焦用煤的质量和炼焦时各种工艺制度的变化而变化。装入炭化室的炼焦煤的质量是决定各种产品产率和质量的主要因素,其中煤料中挥发分含量及煤料中的氧、氮、硫等元素对化学产品的产率和质量的影响最大。配煤的挥发分高,焦油、粗苯以及煤气的产率就高。煤料中含氧量高,炼焦过程中产生的化合水量就多,炼焦煤的含氮量一般在2%左右。在炼焦过程中,60%左右的氮残存于焦炭中,15%～20%的氮与氢反应生成氨,其余部分则生成氰化氢、吡啶和其他含氮化合物。煤中硫的含量决定了煤气和焦油中硫化物的含量,通常干煤含硫量在 0.5%～1.2%,其中 20%～45%转入煤气中,配合煤的挥发分越高,炼焦炉温越高,转入煤气中的硫就越多。炼焦煤气的产率主要取决于炼焦煤料的挥发分,挥发分越高,煤气产率就越大。

粗煤气经回收化学产品和净化后即为净煤气,其一般组成(体积%)如下:

氢气(H_2)	54～59
甲烷(CH_4)	24～28
一氧化碳(CO)	5～7
氮气(N_2)	3～5
二氧化碳(CO_2)	1～3
烃类(C_nH_m)	2～3
氧气(O_2)	0.3～0.7

净焦炉煤气的热值为 17 580～18 420 kJ/m³,密度为 0.45～0.48 kg/m³,爆炸极限为 6%～30%。

粗煤气含有各种杂质,必须经过净化以后才可利用。根据煤气用户不同,煤气净化的程度也有一定的差异。一般来说,工业用煤气的净化程度要差一些,民用煤气的净化程度则要求较高。

煤气净化的任务是冷却煤气,并回收煤气中的焦油、氨、硫、苯等化工产品。

煤气净化的过程一般包括冷却、输送、焦油分离、脱硫、脱氨、洗苯等几个工序，民用煤气还要增加精脱萘和精脱硫。

根据煤气净化工艺流程不同，煤气净化车间一般由冷凝鼓风工段、脱硫工段、硫铵（或水洗氨）工段、粗苯工段、污水处理工段组成。

煤气净化过程中回收的化工产品主要有焦油、粗苯、硫铵（或无水氨）和硫黄等。

焦炉煤气的利用目前主要是：作为燃料用于城市煤气、工业窑炉、发电；焦炉煤气制甲醇；焦炉煤气制二甲醚。

化工分厂煤气冷却、净化工艺流程简图如图 3-70 所示。

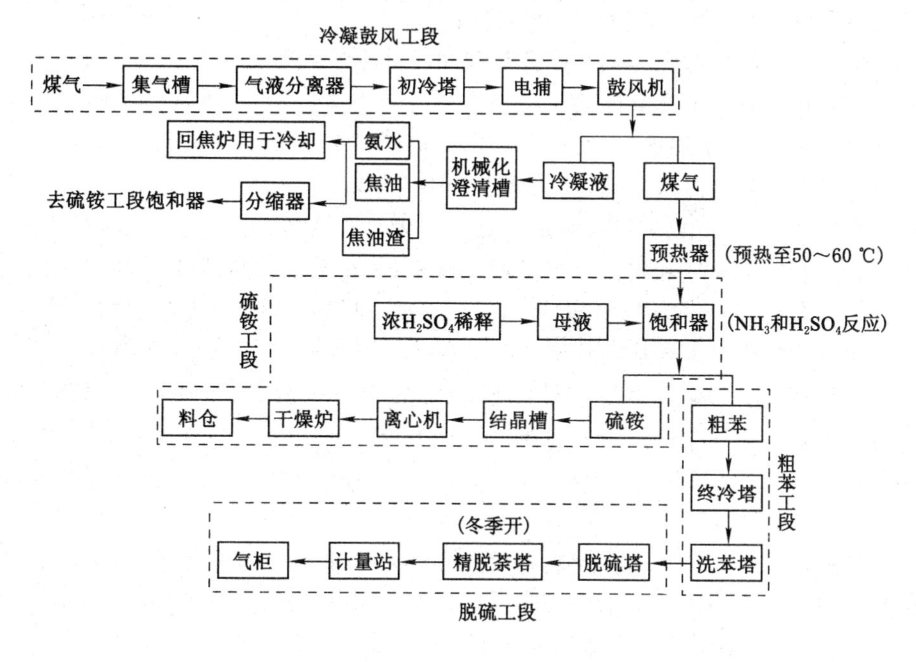

图 3-70 煤气冷却、净化工艺流程简图

煤气加热系统：焦化加热用气来源于焦化过程自产煤气。煤气经冷却净化后，作为焦炉加热燃料，煤气加热系统工艺流程简图如图 3-71 所示。

煤气净化系统通常由冷凝鼓风装置、脱硫脱氰装置、脱氨装置和脱苯装置等工序组成。不同的煤气净化工艺流程主要表现在脱硫和脱氨工艺方案的选择上。

(1) 粗煤气的冷却

从炭化室导出的荒煤气温度达 650～700 ℃，必须冷却，其主要目的是：防止

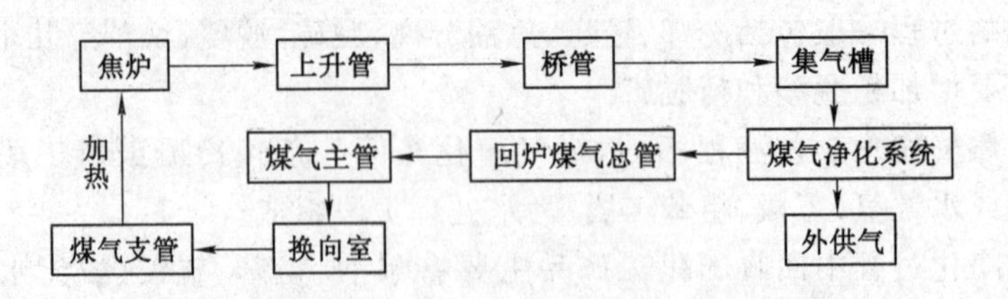

图 3-71　煤气加热系统工艺流程简图

在荒煤气中的化学产品发生裂解；有利于回收荒煤气中的化学产品；减轻回收工序管道和设备的堵塞和腐蚀；降低输送煤气的管道和设备尺寸，特别是降低鼓风机的负荷及能量消耗；安全合理地输送煤气。

煤气的初步冷却分为集气管冷却和初冷器冷却两个步骤。

由炭化室进入上升管的 700 ℃左右的荒煤气，经桥管上的氨水喷嘴连续不断地喷洒氨水（氨水温度约为 75～80 ℃），由于部分氨水蒸发大量吸热，煤气温度迅速下降。若用冷水喷洒，氨水蒸发量降低，煤气冷却效果反而不好，并使焦油黏度增加，容易造成集气管堵塞。煤气在集气管内冷却后，温度仍相当高，且还含有大量的焦油气和水汽。为了便于输送，减少鼓风机的动力消耗和有效地回收化学产品，煤气需在初冷器中进一步冷却到 25～35 ℃（立管式初冷器）或 21～22 ℃（横管式初冷器）。

煤气在初冷器中的冷却是利用冷却水与热煤气间接换热的方式进行的。在初冷器中发生煤气中的水蒸气和焦油气的冷凝，煤气中萘溶于焦油中，煤气中的氨、二氧化碳、硫化氢和氰化氢溶于水中，这些统称作冷凝液，从初冷器下部排出。

来自焦炉的荒煤气与焦油和氨水沿集煤气管道至气液分离器，气液分离后荒煤气进入横管初冷器分两段冷却。上段用循环水，下段用低温水将煤气冷却至 21～22 ℃。由横管初冷器下部排出的煤气，进入电捕焦油器，除掉煤气中夹带的焦油雾后，再由煤气鼓风机压送至下一个工段。

由气液分离器分离下来的焦油和氨水首先进入机械化氨水澄清槽，在此进行氨水、焦油和焦油渣的分离。上部的氨水流入循环氨水槽，再由循环氨水泵送至焦炉集气管喷洒冷却煤气。澄清槽下部的焦油靠静压流入焦油分离器，进一步进行焦油与焦油渣的沉降分离，焦油用焦油泵送往油库工段焦油贮槽。机械化氨水澄清槽和焦油分离器底部沉降的焦油渣刮至焦油渣车，定期送往煤场，人工掺入炼焦煤中。

荒煤气导出系统、集气管与初冷器的结构如图 3-72、图 3-73、图 3-74、图 3-75 所示。

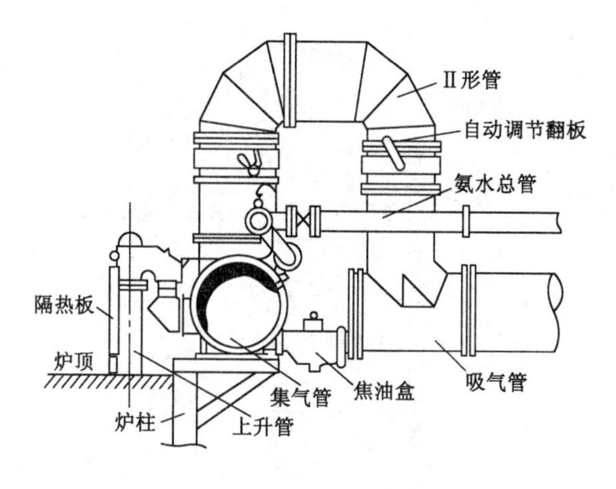

图 3-72　荒煤气导出系统

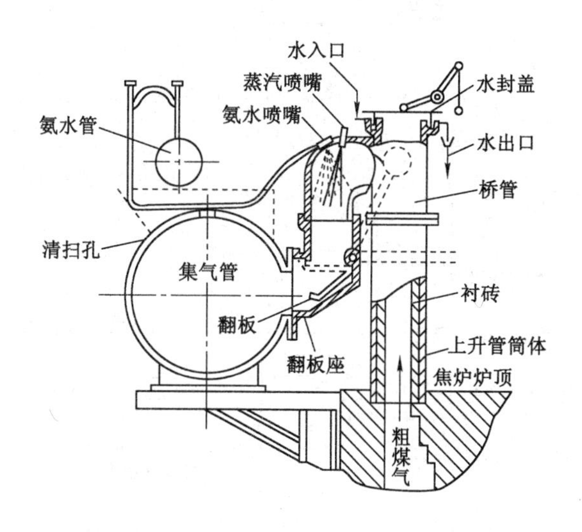

图 3-73　上升管、集气管结构简图

机械化氨水澄清槽(见图 3-76)：槽体截面有船形和矩形。从气液分离器来的焦油氨水混合液从澄清槽头部入口进入，氨水经尾部浮焦油渣挡板和氨水溢流槽流出。分出渣和氨水的焦油从尾部经液面调节器压出。焦油液位由液面调节器调节，以保证焦油有足够的分离时间。焦油层厚一般为 1.3～1.5 m 的部位应在外部保温，以维持油温和稳定其黏度。焦油渣由槽底刮板输送机经槽的头部斜面上端刮出。焦油渣经过氨水层时被洗去焦油，露出水面后澄干水。刮板线速度为 1.74～13.5 m/h，速度过高易带出焦油和氨水。

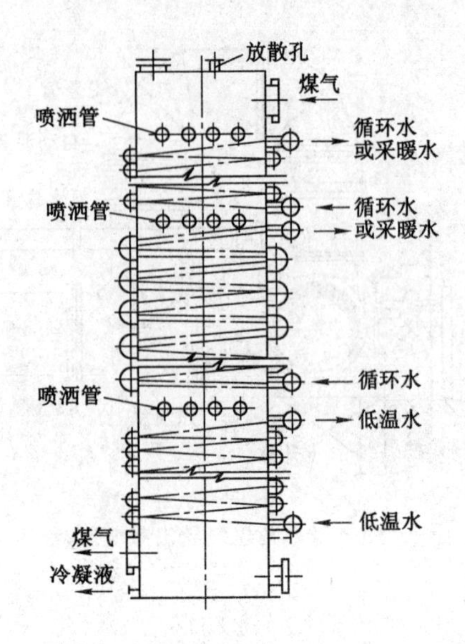

图 3-74　横管式间接初冷器

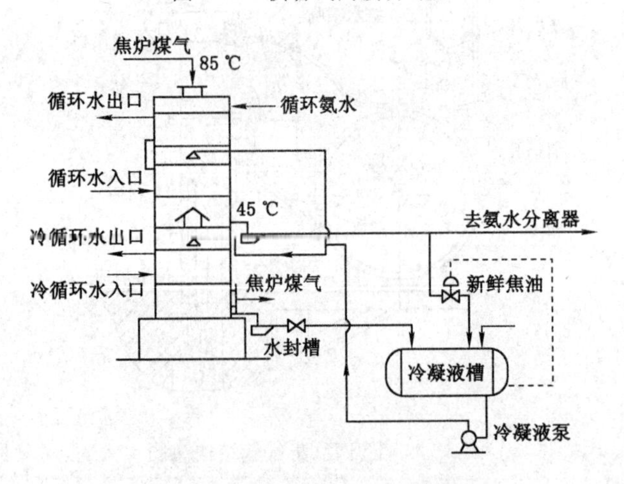

图 3-75　横管式煤气初冷工艺流程

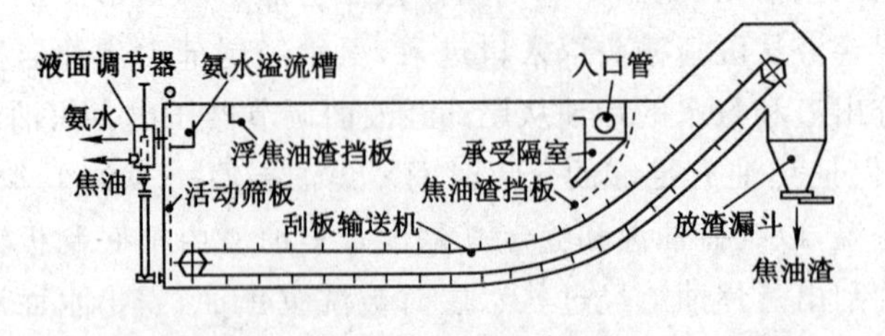

图 3-76　机械化氨水澄清槽

(2) 煤气的输送

煤气由炭化室出来经集气管、吸气管、初冷器及回收设备直到煤气贮存设备或送住焦炉,途中要经过很长的管道及各种设备。为了克服这些设备和管道的阻力及保持足够的剩余压力,需要设置煤气鼓风机。同时,在确定化学产品回收工艺流程及所采用的设备时,除考虑工艺上的合理性及设备要求外,还应使整个回收系统煤气输送的阻力尽可能小,以减少鼓风机的动力消耗。鼓风机位置的选择一般应考虑:

① 处于负压下操作的设备及煤气管道应尽量少;

② 使吸入的煤气体积尽可能小。

根据上述原则,鼓风机一般都设置在煤气初冷器之后,也有的焦化厂将油洗萘塔和电捕焦油器设在鼓风机前,这样可防止鼓风机的堵塞,以保证鼓风机的正常工作能力。国内有的厂引进了外国先进的全负压回收工艺技术,是将鼓风机设在全部回收装置的最后,因而对设备和管道的严密性及煤气吸气机的调节等要求都比较高。为了便于管道中的冷凝液体在管道中流动而排出,减少管道的堵塞和腐蚀,方便管道维护和清扫,煤气管道安装时,根据不同部位应有相应的不同倾斜度。

煤气输送系统设置鼓风机除了用于克服管道和各种设备的阻力外,还要提供足够的剩余压头,才能将煤气送达用户地点。另外,为了使焦炉内的荒煤气按规定的压力制度抽出,要使煤气管线中具有一定的吸力。综上,在煤气输送系统中必须设置鼓风机。另外,鼓风机在运行时也有清除焦油的作用。鼓风机在焦化厂具有重要地位,人们把它称作焦化厂的“心脏”。

鼓风机的类型:离心式鼓风机和罗茨鼓风机。二者的结构简图如图 3-77 所示。

(3) 煤气中焦油的清除

荒煤气中所含的焦油蒸气在初冷器中绝大部分被冷凝下来,并凝结成较大的液滴从煤气中分离出来。但在冷凝过程中,会形成焦油雾,以内充煤气中的焦油气泡状态或极细小的焦油滴存在于煤气中。因为煤气中焦油颗粒的沉降速度与其质量成正比,与其表面积成反比。而又轻又小的焦油雾滴的沉降速度小于煤气的流速,所以悬浮于煤气中并被煤气带走。间接初冷的骤冷程度越高,所形成的焦油雾越多。煤气中的焦油雾在离心式鼓风机中,由于离心力的作用可以除去大部分,而在罗茨鼓风机中除去的则很少。煤气中的焦油雾应进行较彻底的清除,否则会对化产回收操作产生严重影响。

清除煤气中焦油雾的方法和设备很多,在小型焦化厂中,主要是使用机械分离作用的分离设备,如旋风式、钟罩式、转筒式及隔板式等捕焦油器。这些捕焦

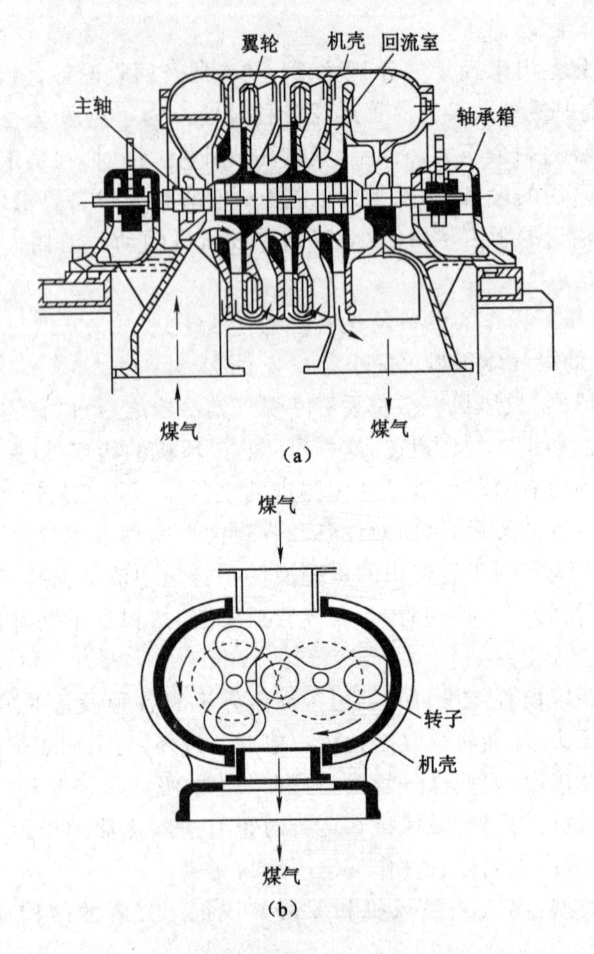

图 3-77 鼓风机工作原理示意图

(a) 离心式鼓风机;(b) 罗茨鼓风机

油器是借重力作用使焦油雾滴与气体分离,分离效率不高。目前在各大中型焦化厂广泛采用的是电捕焦油器。

如图 3-78(a)所示,将表面积较大的导体(沉淀极)A 和表面积较小的导体(电晕极)B 相互配置,将 A 连接在高压直流电源的正极,B 接在电源的负极,在 AB 之间形成了很强的电场,其间含有灰尘和雾状的气体在电场作用下发生电离,形成了许多正、负电荷离子,离子与焦油雾滴相遇并附在其上,使焦油雾滴带有电荷,带电荷的焦油雾滴向沉淀极 A 移动,被电极吸引而从气体中除去。

电捕焦油器外壳为圆柱形,底部为带有蒸汽夹套的锥形,如图 3-78(b)所示。在每根沉淀管的中心处悬挂着电晕极导线,将电晕极导线接在负极,管壁接在正极。煤气自底部侧面进入并通过气体分布筛板均匀分配到沉淀管内，净化后的煤气从顶部煤气口逸出。

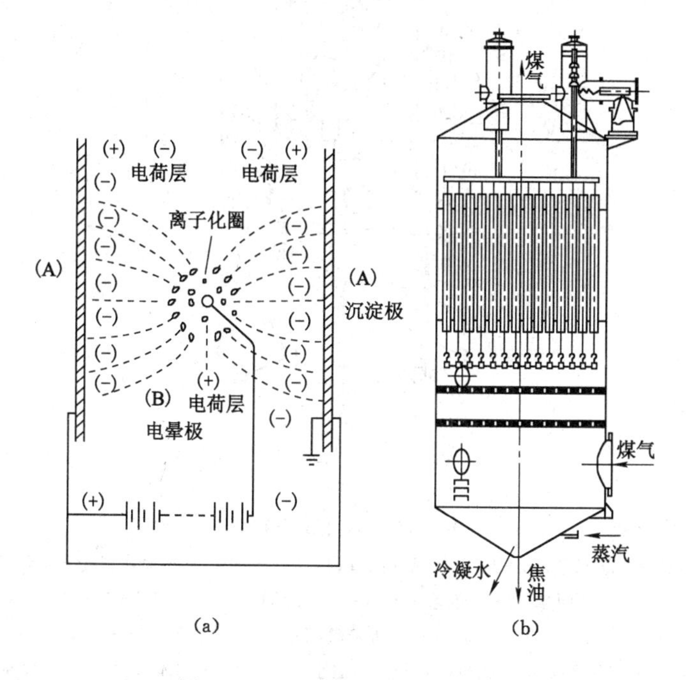

图 3-78 电捕焦油器的工作原理

(4) 硫铵的生产

氨对于干煤的产率一般为0.25%～0.35%。炼焦煤气经初步冷却后，部分氨转入冷凝氨水中，氨在煤气和冷凝氨水中的分配，取决于煤气初冷的方式(间冷、直冷或间—直混冷)、冷凝氨水的产量和煤气冷却的程度。当采用间接冷却时，煤气冷却温度越低，冷凝氨水量越大，则冷却器后煤气中含氨量越少，反之则多。一般情况下，初冷后煤气中的含氨量为6～8 g/m^3。

硫酸铵也可简称为硫铵，是焦化厂中大量生产的重要化学产品之一。我国大部分大型焦化厂均采用饱和器法生产硫酸铵以回收煤气中的氨。焦化厂中生产的硫酸铵，是用硫酸吸收煤气中的氨制得的，主要基于氨与硫酸的中和反应：

$$2NH_3 + H_2SO_4 \longrightarrow (NH_4)_2SO_4$$

煤气中的氨很容易和硫酸作用生成硫酸铵，反应过程是一个快速不可逆的化学反应过程。在焦化厂内，这种吸收反应一般在饱和器内进行，也可以在吸收塔内进行。在饱和器(见图3-79，图3-80)吸收氨的方法有三种：直接法、间接法和半直接法。

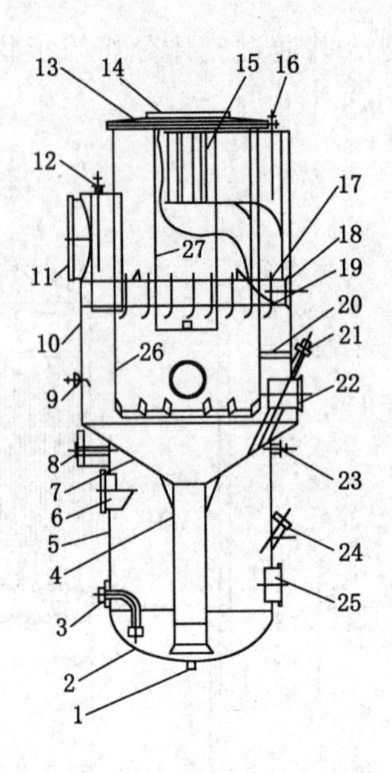

图 3-79　喷淋式饱和器

1——放空口；2——椭圆形封头；3——结晶抽出管；4——降液管；5——筒体；6——循环母液出口管；7——锥体；8——焦油出口；9——灌水入口管；10——筒体；11——煤气入口；12——温水入口；13,15——筋板；14——煤气出口；16——母液喷洒管；17——手孔；18——循环母液入口管；19——母液喷淋管；20——挡板；21,23——温水入口；22——满流口；24——母液回液口

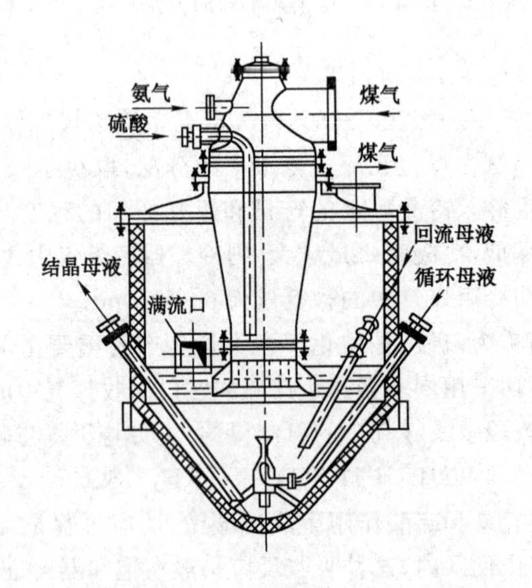

图 3-80　鼓泡式饱和器

① 直接法：由集气管来的焦炉煤气经初步冷却器冷却到 60～70 ℃，进入电捕焦油器除去焦油雾。然后进入饱和器，煤气中的氨被硫酸吸收而生成硫酸铵。煤气离开饱和器后，再冷却到适宜的温度进入鼓风机。此法在初冷器得到的冷凝氨水正好全部补充到循环氨水中，由于没有剩余氨水产生，因而可省去蒸氨设备和节省能量。但由于处于负压状态下的设备太多，要求设备性能好，在生产上不够安全，故在工业生产上暂没被采用。

② 间接法：经初冷器后的煤气在洗氨塔内用水洗氨，将得到的稀氨水与冷凝工段来的剩余氨水一起送去蒸氨塔蒸馏，蒸出的氨气全部进入饱和器被硫酸吸收生成硫酸铵。这种方法得到的硫酸铵质量好，但需消耗大量的蒸汽，而且蒸馏设备较庞大，生产上应用受到一定的限制。但此法生产硫酸铵，工艺先进、节约能源、经济合理。

③ 半直接法：煤气在初冷器内冷却到 25～35 ℃，经鼓风机加压后，再经电捕焦油器除去焦油雾，然后在饱和器内与硫酸母液充分接触生成硫酸铵。冷凝工段的剩余氨水进入蒸氨塔蒸馏，蒸出的氨气同煤气一起进入饱和器内回收氨，或送往吡啶生产装置中的中和器。此法工艺过程简单，生产成本低，在国内外焦化厂已得到广泛应用。通常我们所说的饱和器法生产硫酸铵就是这种半直接法(见图 3-81)。

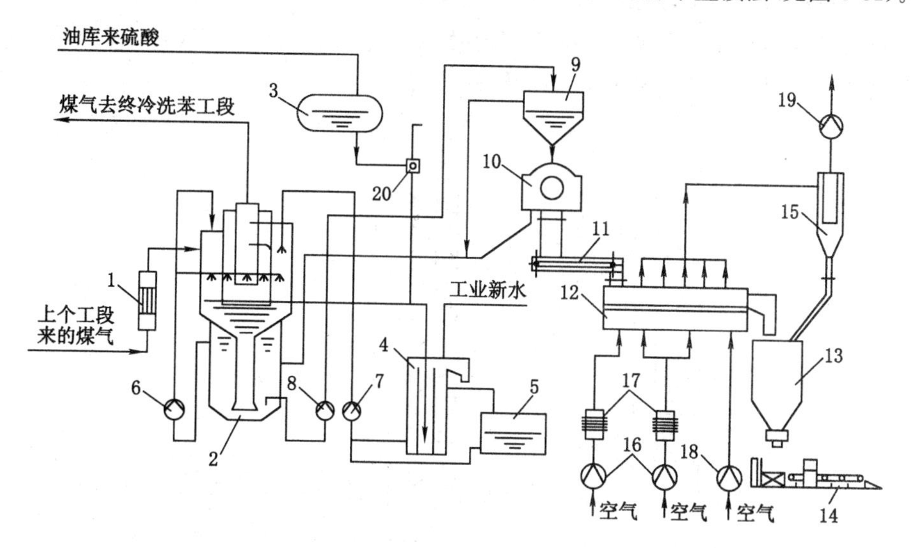

图 3-81　喷淋式饱和器生产硫酸铵的工艺流程

1——煤气预热器；2——喷淋式饱和器；3——硫酸高置槽；4——满流槽；5——母液贮槽；6——母液循环泵；7——小母液泵；8——结晶泵；9——结晶槽；10——离心机；11——输送机；12——振动干燥机；13——硫铵贮斗；14——称量包装机；15——旋风分离器；16——热风机；17——空气加热器；18——冷风机；19——抽风机；20——视镜

(5) 粗苯的回收

来自硫酸铵工段或洗氨塔的煤气经脱除氨后进入粗苯生产系统,在此进行苯族烃的回收和制取粗苯。目前我国焦化工业生产的苯类产品仍占有很重要地位。苯的制取过程包括煤气中萘的清除、用洗油吸收煤气中苯族烃及富油脱苯三个工序。

粗苯是由多种芳烃和其他化合物组成的复杂混合物。粗苯的主要组分是苯、甲苯、二甲苯及三甲苯等。此外,还含有一些不饱和化合物、硫化物及少量的酚类和吡啶碱类组分。在用洗油回收煤气中的苯族烃时,则尚含有少量的洗油轻质馏分。

从焦炉煤气中回收苯族烃可采用液体吸收法、固体吸附法及加压冷冻法等。

液体吸收法是用焦油蒸馏 230～300 ℃范围的馏出物并经脱酚脱吡啶后所得的液体焦油洗油吸收,在洗涤塔内回收煤气中的苯族烃,将吸收了苯族烃的洗油(富油)送至脱苯工段的脱苯蒸馏设备中提取出粗苯。脱苯后的洗油(贫油)经冷却后再重新送至洗涤塔循环使用。这种方法采用的吸收剂(液体洗油)是循环使用的。由于吸收所用的吸收剂通常为焦油洗油(也可用石油洗油),因此,液体吸收法也称为洗油吸收法。液体吸收法又分为常压吸收法和加压吸收法,加压吸收法可以强化生产过程,适用于煤气的远距离输送或用作合成氨厂的原料,常压吸收法是目前国内外用得最为广泛的方法。

回收粗苯的工艺流程如图 3-82 所示。煤气经终冷后,依次进入串联的三个

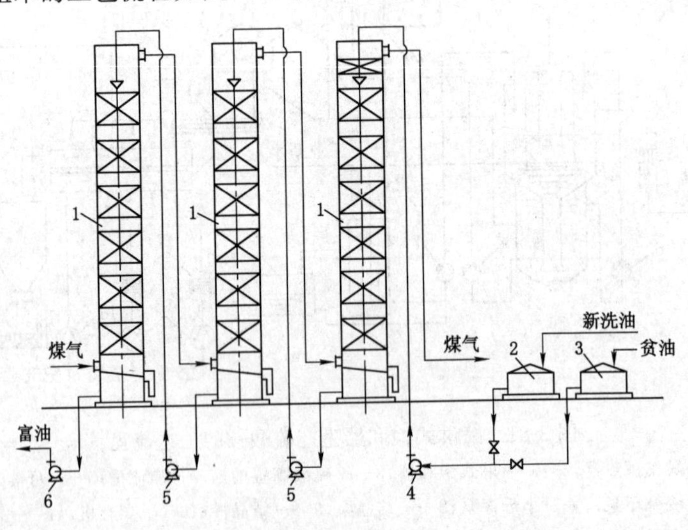

图 3-82　从煤气中回收煤苯的工艺流程

1——木格填料式洗苯塔;2——新洗油槽;3——贫油槽;4——贫油泵;5——半富油泵;6——富油泵

洗苯塔(或 1～2 个洗苯塔)塔底,在洗苯塔内与从塔顶喷洒逆向流动的循环洗油充分接触后,从 3 号洗苯塔顶部出来,送回焦炉或送至气柜(其他工段)。

洗苯塔一般为填料塔,常用的有木格填料洗苯塔(见图 3-83)、丝网填料塔等。木格填料洗苯塔为钢板焊制直立圆柱形设备,依焦化厂生产能力不同,其直径可为 1.8～6.0 m,高达 30～40 m,内部装有木格填料。由于木格填料洗苯塔生产能力小,设备庞大、笨重,投资和操作费用高及木材耗量大等缺点,在一些焦化厂,木格填料洗苯塔已被新型高效填料塔取代。

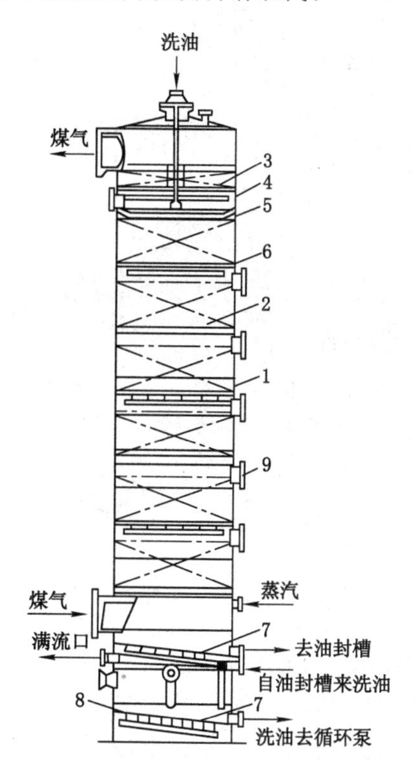

图 3-83　木格填料洗苯塔

1——塔体;2——木格填料;3——干燥煤层填料;4——洗油喷头;5——洗油导液圈;
6——填料支座;7——钢板斜底;8——洗油承受槽;9——人孔

富油脱苯的主要设备是蒸苯塔(又称脱苯塔见图 3-84)。富油是洗油和粗苯互溶的混合物,一般通过加热的方法,从富油中把粗苯蒸出来。脱除苯后,富油变为贫油。

来自洗苯工序的富油依次与脱苯塔顶的油气和水汽混合物、脱苯塔底排出的热贫油换热后温度达 110～130 ℃进入脱水塔。脱水后的富油经管式炉加热

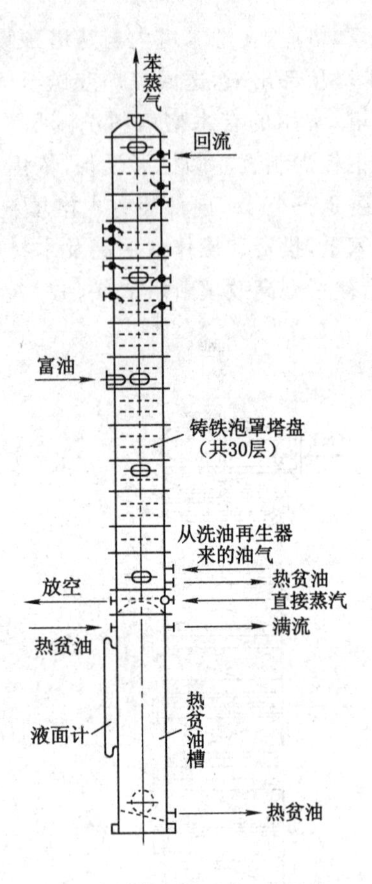

图 3-84　管式炉加热脱苯塔

至 180～190 ℃进入脱苯塔。脱苯塔顶逸出的 90～92 ℃的粗苯蒸气与富油换热后温度降到 75 ℃左右进入冷凝冷却器。冷凝液进入油水分离器。分离出水后的粗苯流入回流槽，部分粗苯送至塔顶作回流，其余作为产品采出。脱苯塔底部排出的热贫油经贫、富油换热器进入热贫油槽，再用泵送入贫油冷却器冷却至 25～30 ℃后去洗苯工序循环使用。脱水塔顶逸出的含有萘和洗油的蒸气进入脱苯塔精馏段下部。在脱苯塔精馏段切取萘油。从脱苯塔上部断塔板引出液体至油水分离器分出水后返回塔内。脱苯塔用的直接蒸汽是经管式炉加热至 400～450 ℃后，经由再生器进入的，以保持再生器顶部温度高于脱苯塔底部温度。

富油脱苯的主要设备有脱苯塔、分缩器、冷凝冷却器、再生器、富油预热器、贫富油热交换器、贫油冷却器和管式加热炉等。

脱苯塔有圆形泡罩、条形泡罩及浮阀塔等多种。

(6) 煤气的最终冷却和洗萘

在生产硫酸铵的化学产品回收工艺系统中,饱和器后的煤气温度通常为55 ℃左右,而回收煤气中苯族烃的适宜吸收温度为25 ℃左右,因此在回收苯族烃之前煤气要进行最终冷却。在煤气冷却和部分水蒸气冷凝的同时,尚有萘从煤气中析出。因此煤气在最终冷却的同时还要进行除萘。

国内焦化厂采用的煤气终冷和洗萘工艺流程主要有煤气终冷和机械化除萘、煤气终冷和热焦油洗萘以及油洗萘和煤气终冷。新建和改建的焦化厂多采用横管式间接冷却器进行煤气终冷除萘。

油洗萘和煤气终冷的工艺流程如图3-85所示。从饱和器来的55 ℃左右的煤气进入木格填料洗萘塔底部,经由塔顶喷淋下来的55～57 ℃的富油洗涤吸收萘后,煤气于隔板式终冷塔冷却后送往洗苯塔。

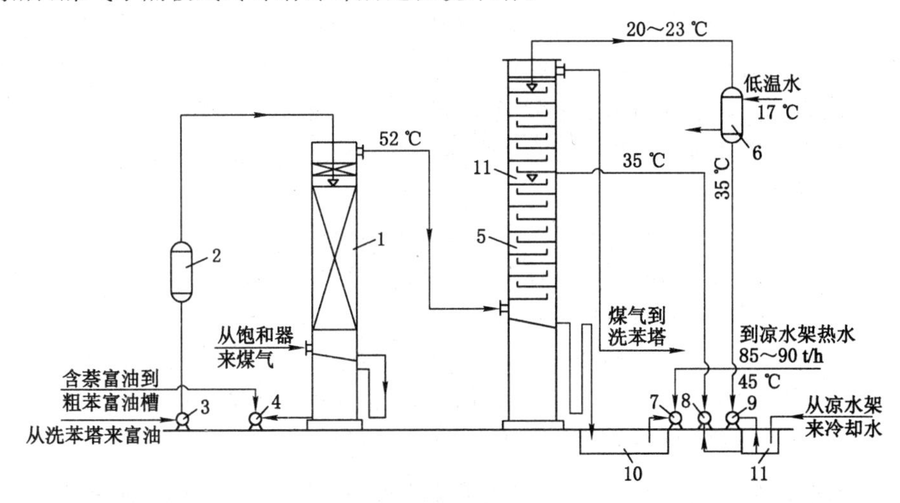

图3-85 油洗萘和煤气终冷工艺流程

1——洗萘塔;2——加热器;3——富油泵;4——含萘富油泵;5——煤气终冷塔;6——循环水;7——热水泵;8,9——循环水泵;10——热水池;11——冷水池

(7) 煤气中硫化氢的清除

煤气中硫化物按其化合状态可分为两类:一类是硫的无机物,主要是硫化氢;另一类是硫的有机化合物,如二硫化碳、硫氧化碳等。有机硫化物在较高温度下进行反应时,几乎全部转化为硫化氢,所以煤气中硫化氢所含硫约占煤气中硫总量的90%以上。

从煤气中脱出硫化氢的方法很多,可分为干法和湿法两种。

干法脱硫工艺简单,成熟可靠,能够较完全脱除硫化氢但存在设备笨重、换脱硫剂劳动强度大、占地面积多以及脱硫剂处理较困难等缺点。适用于煤气要求净化程度高或煤气处理量较小的焦炉煤气脱硫。根据采用的脱硫剂不同,有氢氧化铁法、活性炭法等。氢氧化铁干法脱硫是将焦炉煤气通过含有氢氧化铁的脱硫剂,使硫化氢与氢氧化铁反应生成硫化铁或硫化亚铁。当饱和后,使脱硫剂与空气接触,在有水分存在时,空气中的氧将铁的硫化物又转化为氢氧化物,脱硫剂即得以再生并继续使用。当煤气中含有氧时,则吸收剂的脱硫和再生可同时进行。经过反复的脱硫和再生后,硫黄就在脱硫剂中积聚,并逐步包住活性氢氧化铁的颗粒,使其脱硫能力逐渐降低。所以,当脱硫剂上积有30%～40%(按质量计)的硫黄时,即需更换脱硫剂。

湿法脱硫具有处理能力大、脱硫与脱硫剂再生均能连续进行、劳动强度小等优点,在脱除硫化氢的同时也能脱除氰化氢。湿法脱硫一般可分为吸收法和氧化法两类。其中氧化法流程较简单,脱硫效率高,能直接回收硫黄等产品而得到广泛的应用。用于焦炉煤气脱硫以改良蒽醌二磺酸钠(改良ADA)法较为成熟(见图3-86)。改良蒽醌二磺酸钠法是湿法脱硫中较为先进的方法。将焦炉煤气送入脱硫塔,与塔顶喷洒下来的吸收溶液逆流接触,煤气中的硫化氢被吸收溶液吸收后,从塔顶排出。塔内吸收液与煤气中的硫化氢进行反应,生成硫氢化钠。其反应如下:

$$Na_2CO_3 + H_2O \longrightarrow NaHCO_3 + NaOH$$

$$Na_2CO_3 + H_2S \longrightarrow NaHCO_3 + NaHS$$

$$NaHCO_3 + H_2S \longrightarrow NaHS + CO_2 + H_2O$$

$$NaOH + H_2S \longrightarrow NaHS + H_2O$$

在吸收液中的偏钒酸钠与硫氢化钠反应,生成焦钒酸钠并析出元素硫:

$$\underset{\text{偏钒酸钠}}{4NaVO_3} + 2NaHS + H_2O \longrightarrow \underset{\text{焦钒酸钠}}{Na_2V_4O_9} + 2S\downarrow + 4NaOH$$

由脱硫塔底排出的已吸收了煤气中硫化氢的ADA吸收液(富液)经循环槽用泵送入再生塔(槽),用空气进行氧化再生并析出元素硫后又自流到脱硫塔顶部循环使用。在再生塔内还原态的ADA与鼓入压缩空气中的氧进行反应,被氧化再生为氧化态的ADA,供脱硫过程循环使用。

吸收了硫化氢的脱硫液(富液)从塔底引出经液封槽流入循环槽。循环槽内的溶液经循环泵送经加热器加热(夏季则为冷却)后送入再生塔底部,同时由空气压缩机送来的压缩空气鼓入再生塔底部,富液中的还原态ADA,即可再生为氧化态。再生后的溶液(贫液)经液位调节器返回脱硫塔循环使用。在脱硫塔内析出的少量硫泡沫将在循环槽内积累,为使硫泡沫能随溶液同时进入循环泵,在槽顶部和底部设溶液喷头,喷射自泵出口引出的高压溶液以打碎泡沫和搅拌溶液。在循环槽中积累的硫泡沫也可放入收集槽,由此用压缩空气压入硫泡沫槽。大量的硫泡沫在再生塔生成,并浮于塔顶扩大部分。由此利用位差自流入硫泡

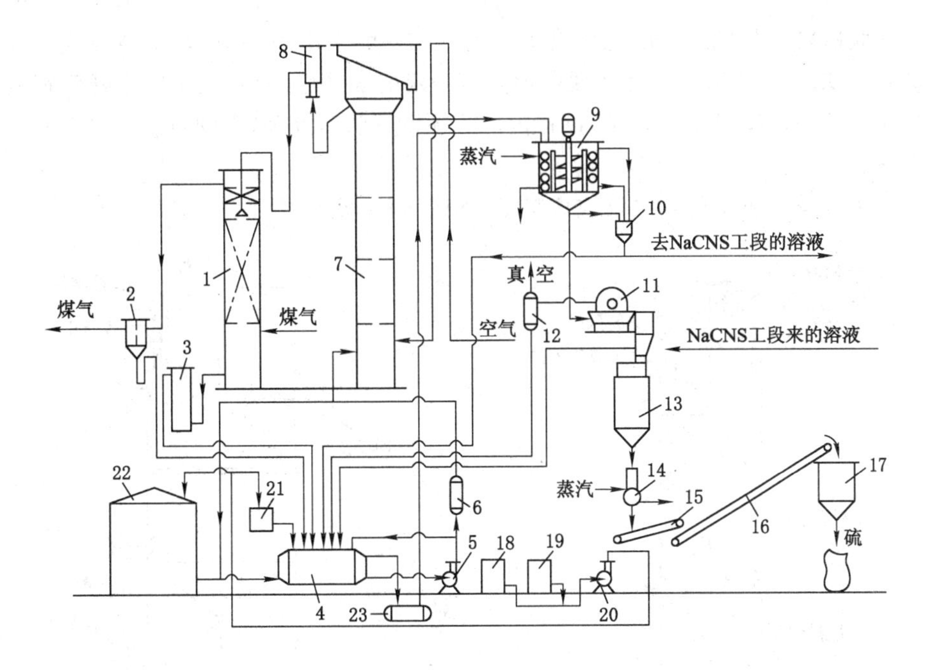

图 3-86 改良 ADA 法脱硫工艺流程

1——脱硫塔;2——液沫分离器;3——液封槽;4——循环槽(反应槽);5——循环泵;
6——加热器;7——再生塔;8——液位调节器;9——硫泡沫槽;10——放液器;
11——真空过滤机;12——真空除沫器;13——熔硫釜;14——分配器;
15,16——皮带输送机;17——贮槽;18——碱液槽;19——偏钒酸钠溶液槽;
20——碱液泵;21——碱液高位槽;22——事故槽;23——泡沫收集槽

沫槽,并进行机械搅拌。经澄清分层后,清液经放液器送往循环槽,硫泡沫放至真空过滤机进行过滤,成为硫膏。滤液经真空除洒器后返回循环槽。硫膏经漏嘴放入熔硫釜,用蒸汽间接加热,使硫熔融并与硫渣分离。熔融硫放入用蒸汽夹套保温的分配器中,由此以细流放至皮带输送机上,并用冷水喷洒冷却。皮带输送机上经脱水干燥后的硫黄产品卸至贮槽,然后包装入库。

HPF 脱硫是我国科技人员不断总结国内外已有的脱硫方法,自行研制开发的以焦炉煤气中的氨为碱源,采用 HPF 新型高效复合催化剂从焦炉煤气中脱除 H_2S 和 HCN 的新工艺。HPF 脱硫工艺的脱硫流程与 ADA 法脱硫基本相似,采用的催化剂 HPF 为复合催化剂,它是以氨为碱源液相催化氧化脱硫新工艺,与其他催化剂相比,它对脱硫和再生过程均有催化作用(脱硫过程为全过程控制)。因此,HPF 较其他催化剂相比具有较高的活性和较好的流动性。HPF 脱硫的废液回兑到炼焦煤中,大大简化了废液处理的工艺流程,是一种简单可行且经济的脱硫废液处理方法。

脱硫塔是脱硫工段的主要设备。脱硫塔一般采用填料塔(轻瓷填料或花环填料),如图 3-87 所示。由于脱硫液具有一定的腐蚀性,设备应采用不锈钢钢板焊制。若采用碳钢钢板焊制,设备内部必须做重防腐处理,否则将影响设备使用寿命。

预冷塔一般采用空喷塔或填料塔,如图 3-88 所示。

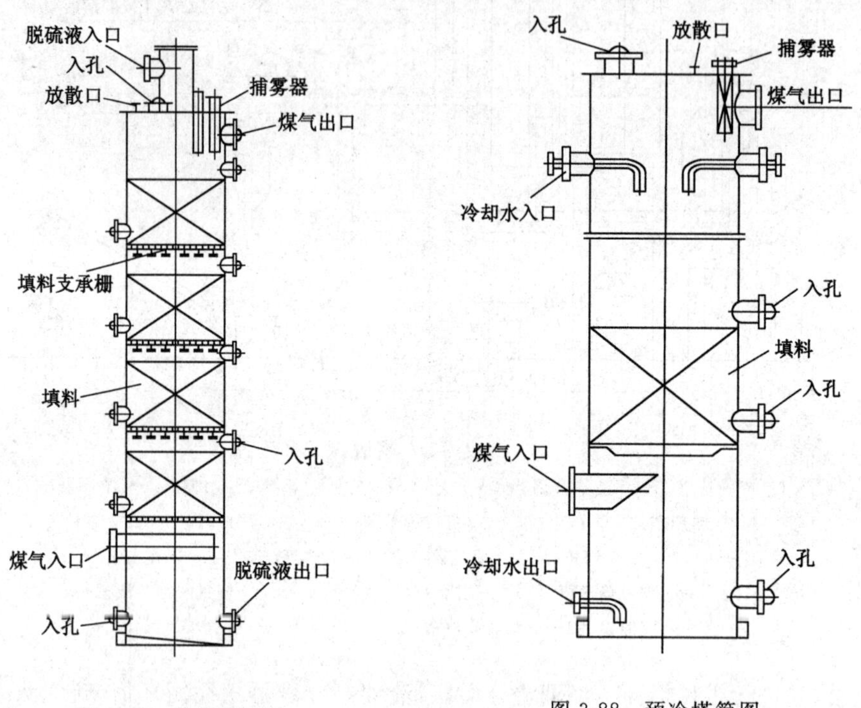

图 3-87　脱硫塔简图

图 3-88　预冷塔简图

再生塔为空塔,如图 3-89 所示。从中段到塔底装有部分筛板,以使硫泡沫和空气均匀分布。其顶部设有扩大部分,塔壁与扩大圈间形成环隙。空气在再生塔内泡沸逸出,使硫浮上液面而成泡沫。硫泡沫从再生塔顶边缘溢流至环隙中,由此自流入硫泡沫槽。再生塔一般比脱硫塔高,再生后的溶液可以靠液位差自流入脱硫塔。这种塔具有再生效率高、操作稳定等优点。但设备高大和鼓风的动力消耗大是其缺点。设备采用不锈钢钢板焊制。若采用碳钢钢板焊制,设备内部必须做重防腐处理。

熔硫釜是由不锈钢钢板焊制的压力容器,外夹套可用碳钢钢板,内部加热器采用不锈钢钢管制作,如图 3-90 所示。该设备属于连续熔硫设备,即连续进硫泡沫,连续排清夜,但放硫是间断的,一般 4～5 h 放硫一次。

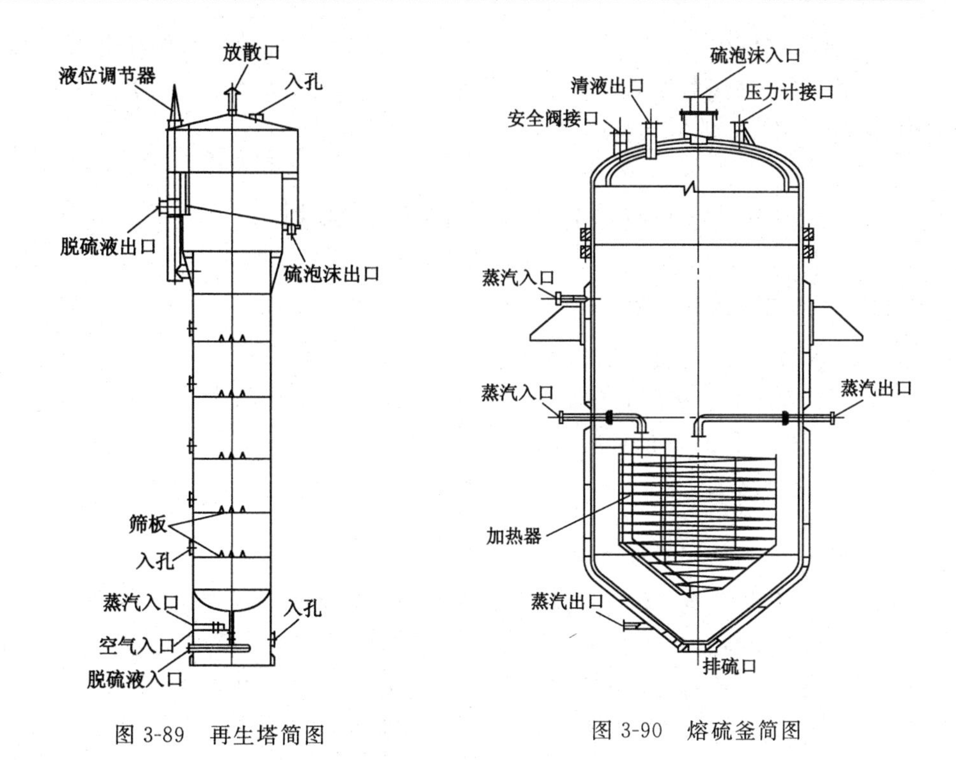

图 3-89 再生塔简图

图 3-90 熔硫釜简图

(8) 焦炉煤气制甲醇工艺简介

焦炉煤气可以用来发电、制取甲醇或合成氨及其他产品。其中生产甲醇和合成氨经济效益最好。由于焦炉煤气制合成氨的流程复杂,投资和消耗都比较高,而焦炉气制甲醇的成本远低于其他原料制甲醇的成本,因此焦炉煤气生产甲醇的方案目前已在一些焦化厂采用。

焦炉煤气制甲醇的典型流程如图 3-91 所示。

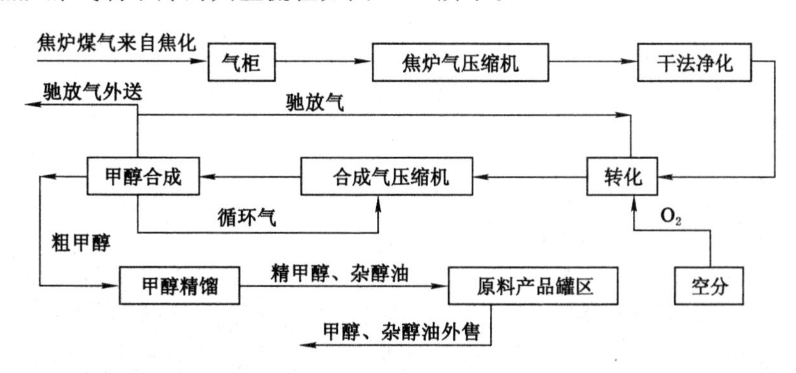

图 3-91 焦炉煤气制甲醇的典型流程

由焦炉煤气生产甲醇的关键是将焦炉煤气中的甲烷转化为氢和一氧化碳。当采用纯氧自热式部分氧化转化时，反应速度比蒸汽转化快，有利于强化生产，燃料气消耗低，焦炉煤气利用率高。

3.11 煤气化工艺实习

3.11.1 实习目的与要求

① 了解化肥厂的主要产品及其生产工艺流程；

② 了解化肥厂主要生产加工设备的工作原理与典型结构，了解煤化企业安全生产、管理及环保方面的基本知识。

3.11.2 实习内容

3.11.2.1 煤炭转化利用概述

煤的气化是以煤或煤焦为原料，以氧气（空气、富氧或纯氧）、水蒸气或氢气等作气化剂，在高温条件下通过化学反应将煤或煤焦中的可燃部分转化为气体燃料的过程。气化时所得的可燃气体称为气化煤气，其有效成分包括一氧化碳、氢气及甲烷等。气化煤气可用作城市煤气、工业燃气和化工原料气。

煤直接液化，即煤高压加氢液化，可以生产人造石油和化学产品。在石油短缺时，煤的液化产品将替代目前的天然石油。煤低温干馏生产低温焦油，经过加氢生产液体燃料，低温焦油分离后可得有用的化学产品。低温干馏半焦可作无烟燃料，或用作气化原料、发电燃料以及碳质还原剂等。低温干馏煤气可作燃料气。煤的间接液化是指煤气化产生合成气（$CO+H_2$），再用合成气为原料合成液体燃料或化学产品。属于间接液化的费托合成和甲醇转化制汽油的毛比尔工艺已实现工业化生产。

煤的利用中，还可以直接以煤为原料制造各类碳素制品。其中产量最大的是电极碳（石墨）。此外还有碳质吸附剂、生物碳制品及用于冶金化工机械设备用材料等。

3.11.2.2 化肥主要产品及生产工艺

化肥的主要产品是尿素和复合肥。

尿素 $CO(NH_2)_2$，白色晶体，相对分子质量 60.055。尿素大量存在于人类和哺乳动物的尿液中。尿素溶于水、乙醇和苯，几乎不溶于乙醚和氯仿。尿素含氮量居固体氮肥之首，达 46%以上，为中性速效肥料，施于土壤中不残留使土壤恶化的酸根，而且分解出来的二氧化碳也可为植物所吸收。尿素在工业上的用途亦很广泛，是制造脲醛树脂、聚氨酯等高聚物的原料(用作塑料、喷漆、黏合剂)，还可作多种用途的添加剂(用作油墨材料、黏结油等)。尿素还可用于医药、林业、制革、动物饲料、石油产品精制等方面。以煤为原料制尿素的过程即是把“黑”变“白”的过程(见图 3-92)。

图 3-92　以煤为原料制尿素

尿素生产包括合成氨和尿素合成两大部分。

氨生产的主要环节是制取氢，而合成氨所需要的氮则直接或间接地来源于空气。目前世界上大多数的氮肥厂均采用石化原料或其副产品来制取氢或一氧化碳，只有少数厂家采用电解水法制取氢，由于此法受电力成本制约，难以形成大规模的工业化。

(1) 煤气化制尿素工艺流程

以煤为主要原料生产尿素的总工艺流程简图如图 3-93 所示。

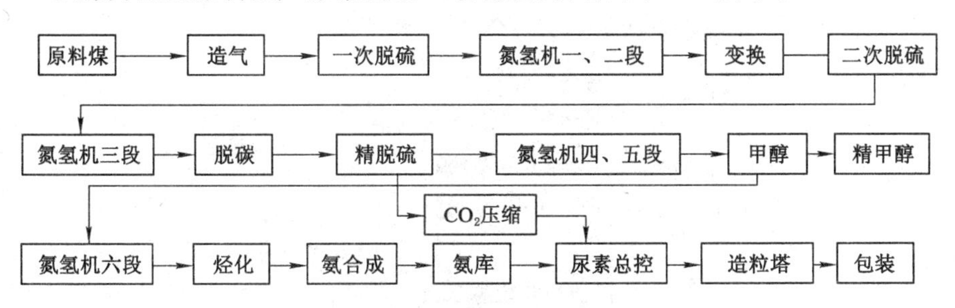

图 3-93　以煤为原料生产尿素的总工艺流程简图

原料煤利用蒸汽和空气为气化剂，在气化炉内产生半水煤气[N_2(21%～22%)，H_2(36%～37%)，CO(32%～35%)，CO_2(6%～9%)，CH_4(0.3%～0.5%)，O_2(0.2%)]，半水煤气经一次脱硫、变换、二次脱硫、脱碳、精脱硫、甲醇、烃化等工艺将气体净化，除去各种杂质后，将纯净的氮氢混合气压缩到高压，并在高温有催化剂存在的情况下合成为氨。脱碳解吸出来的二氧化碳经净化和压缩后，与氨一起送入尿素合成塔，在适当的温度和压力下，合成尿素，经蒸发、造粒后包装销售。粗甲醇经精馏得到精甲醇销售。

(2) 造气工段的主要流程

造气工段的主要流程如图 3-94 所示。

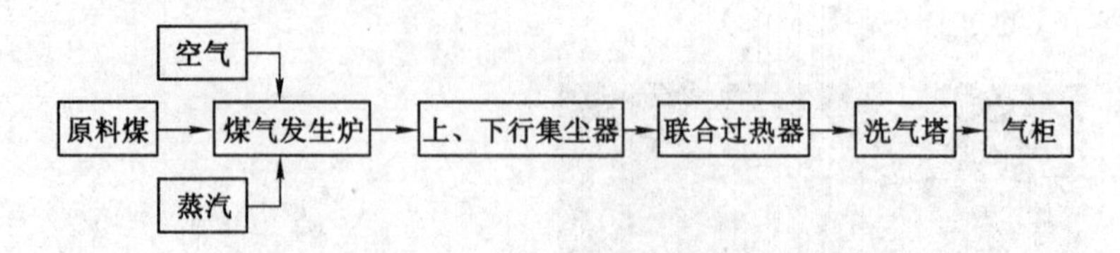

图 3-94　造气工段的主要流程

造气工段的主要设备是气化炉。按气化炉中的流体力学条件分,主要有三种:固定床、流化床、气流床。

① 固定床气化也称移动床气化,典型固定床气化炉结构如图 3-95 所示。固定床一般以块煤或煤焦为原料,煤由气化炉顶加入,气化剂(氧气、蒸汽)由炉底送入。流动气体的上升力不致使固体颗粒的相对位置发生变化,即固体颗粒处于相对固定状态,床层高度亦基本维持不变,因而称为固定床气化。另外,由

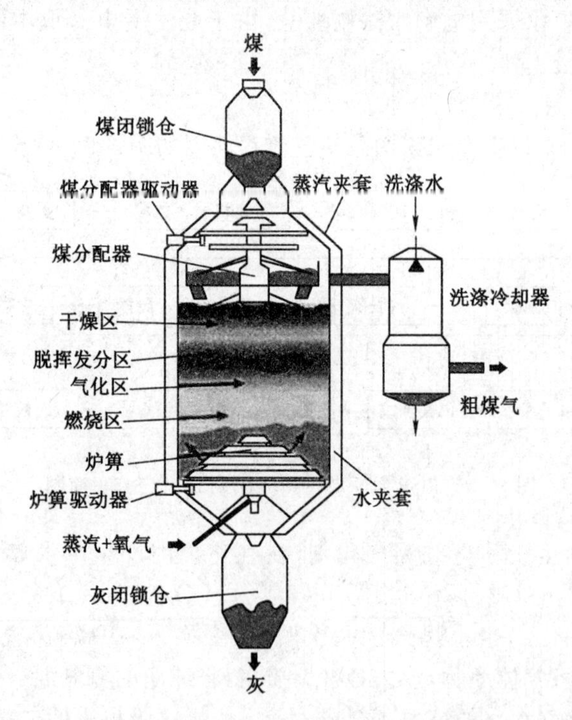

图 3-95　鲁奇式固定床加压气化炉

于煤从气化炉顶加入，含有残碳的灰渣自炉底排出，在气化过程中，煤粒在气化炉内是从上到下缓慢移动的。因而又称为移动床气化。固定床的特点是简单可靠。气化剂与煤逆流接触，气化过程比较完全，热量利用比较合理，热效率较高。

② 流化床气化又称为沸腾床气化。以小颗粒为气化原料，这些细粒煤在自下而上的气化剂的作用下，保持着连续不断和无秩序的沸腾和悬浮状态运动，迅速进行着混合和热交换，其结果导致整个床层温度和组成均一。流化床技术得到了迅速发展，其原因在于：一是生产强度比固定床大；二是可用小颗粒煤，无须块煤；三是可用褐煤等高灰劣质煤。

③ 气流床技术是一种并流式气化。气化剂将粉煤（70%以上的煤粉通过200网目筛孔）夹带入气化炉，在1 500～1 900 ℃高温下将煤一步转化为CO、H_2、CO_2 等气体，残渣以熔渣形式排出气化炉。也可将煤粉制成水煤浆，用泵送入气化炉。煤炭细粉粒与气化剂经特殊喷嘴进入反应室，会在瞬间着火，直接发生火焰反应，同时处于不充分的氧化条件下，因此，其热解、燃烧以及吸热的气化反应，几乎是同时发生的。随着气流的运动，未反应的气化剂、热解挥发物、燃烧产物裹挟着煤焦粒子高速运动，运动过程中进行着煤焦颗粒的气化反应。这种运送形态，相当于流化技术领域里对固体颗粒的“气流输送”，因此称为气流床气化。

(3) 脱硫

微量 H_2S 是使甲醇化、甲烷化和 NH_3 合成等催化剂失活的主要原因。在合成反应中还会造成铁触媒中毒。因此必须对其进行脱除。常用的脱硫方法包括：改良ADA法、栲胶法、DDS法、干法脱硫、活性炭常温脱硫法等。

(4) 变换

通过中温变换、低温变换，将煤气中的一氧化碳和水蒸气反应，生成等量的二氧化碳和氢气，从而提供更多的合成氨原料氢气，同时方便在脱碳工艺中脱除 CO_2。

$$CO + H_2O\uparrow \longleftrightarrow CO_2 + H_2$$

该反应的特点是可逆、放热，反应前后体积不变，反应速度比较慢，只在有催化剂存在时才能较快进行。

经变换反应后，有效气体 N_2、H_2 和 CO_2 及有用组分达到98%以上，接下来就是从工艺上脱除氨合成催化剂的毒物（CO、H_2S、COS）以净化气体，进一步分离制得高纯度的 CO_2，满足尿素合成的需要，制得高纯度的 H_2 以及脱除其中的惰性气体，对高纯度的 H_2 进行精制，最终获得纯的氢氮气体，从而进行合成。

(5) 脱碳

脱除变换气中的二氧化碳是其中一个极其重要的工段。根据工艺要求，该工段的作用是将变换气中的二氧化碳体积分数脱除到小于0.2%，获得的合格氢氮气供给合成氨生产。溶剂吸收法是最古老、最成熟的脱碳方法，分为物理吸收法和化学吸收法。

物理吸收法的原理是通过交替改变操作压力和操作温度来实现吸收剂对二氧化碳的吸收和解吸，从而达到分离二氧化碳的目的。由于整个吸收过程不发生化学反应，因而消耗的能量比化学吸收法要少。通常物理吸收法中吸收剂吸收二氧化碳的能力随着压力增加和温度降低而增大，反之则减小。物理吸收法常用的吸收剂有丙烯酸酯、甲醇、乙醇、聚乙二醇及噻吩烷等高沸点有机溶剂。目前，工业上常用的物理吸收法有Fluor法、Rectisol法、Selexol法、NHD法等。

化学吸收法是使原料气与化学溶剂在吸收塔内发生化学反应，二氧化碳进入溶剂形成富液，富液进入脱吸塔加热分解出二氧化碳，吸收与脱吸交替进行，从而实现二氧化碳的分离回收。目前工业中广泛采用的热碳酸钾法和醇胺法均属于化学吸收法。热碳酸钾法包括苯非尔德法、坤碱法、卡苏尔法等。以乙醇胺类作吸收剂的方法有MEA法(一乙醇胺)、DEA法(二乙醇胺)及MDEA(*N*-甲基二乙醇胺)法等。

我国中、小型化肥厂大多采用溶剂吸收法脱除变换气中二氧化碳，例如NHD(聚乙二醇二甲醚)法、碳酸丙烯酯法(PC法)、改良MDEA(*N*-甲基二乙醇胺)法、改良热钾碱法等。

脱碳工艺NHD法：纯物理吸收法。NHD为多聚乙二醇二甲醚的混合物，对H_2S和CO_2的吸收能力高，热化学稳定性好，不起泡，不降解，无副反应，对碳钢设备无腐蚀，对人及生物环境无毒。在低温低压下，脱碳效果好，操作费用低，溶液吸收能力大，循环量小，减压或气提即可再生，不需再生热量，可降低能耗。

活性MDEA法：德国BASF公司开发，1970年开始工业化生产，所用吸收剂为45%～50%的MDEA水溶液，添加少量活化剂，例如哌嗪，以增加吸收速率。

(6) 双甲精制

即甲醇化、甲烷化脱除原料气中微量的CO和CO_2，使合成氨原料气中$CO+CO_2 \leqslant 10$ ppm。此工艺特点：高压净化精制，电耗少；副产甲醇、甲烷，丰富了产品类型；可调氨醇比，生产操作灵活；对变换工段的要求宽松，容易操作，节省蒸汽进入甲烷化系统的CO和CO_2含量少，反应氢耗少，生成的CH_4少，气体质量高。

(7) 氨的合成

氢气和氮气合成为氨必须在催化剂存在下才能以较快速度进行，氧及含氧、含硫化合物是目前应用的氨合成催化剂的毒物。物质的量比约为3∶1的氢氮气体，经合成气压缩机加压后，送入氨合成塔，在高温、高压（约 26～31.4 MPa）下，通过催化剂作用使部分气体合成为氨，以液氨形式送至尿素装置。

我国中型及大部分小型合成氨厂，采用中压法氨合成流程，操作压力在 32 MPa 左右，由于气体一次通过合成塔后只能有部分氮氢气反应生成氨，因此需要设置水冷器和氨冷器两次分离产品液氨，新鲜气和循环气均由往复式压缩机加压。氨合塔的典型结构如图 3-96 所示。

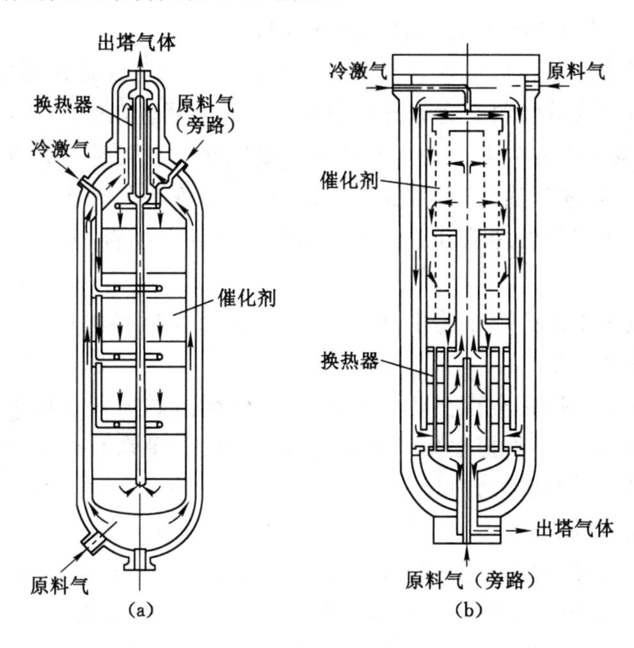

图 3-96 多层直接冷激式氨合成塔

(a) 轴向氨合成塔；(b) 径向氨合成塔

(8) 尿素的合成

尿素工业生产的方法是由氨和二氧化碳在液相中反应合成，两种原料均可来自合成氨厂，所以尿素装置一般与合成氨装置相配套。在工业生产条件下，氨与二氧化碳在液相中合成尿素的反应通常认为是两步完成的：

主反应：

$$2NH_3(l)+CO_2(l) \longrightarrow NH_2CO_2NH_4(l) \quad ①$$

$$NH_2CO_2NH_4 \longrightarrow NH_2CONH_2+H_2O \quad ②$$

反应①快速，强放热，平衡转化率较高，需要在较高压力下完成（13.2～22.0 MPa），温度 165～195 ℃，反应物料 NH_3 与 CO_2 物质的量比 2.5～4.2。反应②慢速，温和吸热。

副反应：

缩合反应： $2CO(NH_2)_2 \longleftrightarrow NH_2CONHCONH_2 + NH_3$

氨分压增加可抑制缩二脲生成

水解反应： $CO(NH_2)_2 + H_2O \longleftrightarrow NH_2COONH_4$

$CO(NH_2)_2 + H_2O \longleftrightarrow 2NH_3 + CO_2$

即生成尿素的逆反应。当温度低于 60 ℃时，水解反应缓慢；高于 100 ℃时，水解明显加快；超过 145 ℃时，水解速度剧增。

氨和二氧化碳在合成塔内，一次反应只有 55%～72%转化为尿素（以 CO_2 计），从合成塔出来的物料是含有氨和甲铵的尿素溶液。在进行尿素溶液后加工之前，必须将氨和甲铵分离出去。甲铵分解成氨和二氧化碳是尿素合成反应中式①的逆反应，是强吸热反应，用加热、减压和气提等手段能促进这个反应的进行。围绕着如何回收处理从合成塔里出来的反应混合物料，发展了尿素的多种生产工艺。

目前合成尿素的生产工艺主要包括：① 水溶液全循环法；② 二氧化碳汽提法；③ 氨汽提法三种。

由于循环法生产尿素存在动力消耗大、一次通过的尿素合成率低等诸多缺点，目前大多厂家采用汽提法生产尿素。汽提法实质是在与合成反应相等压力的条件下，利用一种气体通过反应物系（同时伴有加热），使未反应的氨和二氧化碳通过气提法合成。

二氧化碳汽提法（生产流程见图 3-97）：该法由荷兰 Stamicarbon 公司研发，以二氧化碳气体为汽提气，在合成圈等压（14.0 MPa）的压力下，对甲铵进行分解、汽提，避免过多的甲铵进入低压段，再分解后吸收，重新输送返回合成圈，增加能耗。由于等压汽提的存在，减少进入低压段的甲铵量，因此无中压系统，低压段的设备也较少。同时，由于框架的存在，使得工艺介质以位差流动，减少了动力消耗。

合成塔操作条件：合成温度为 182～185 ℃，压力为 13.5～14.5 MPa，氨碳比为 2.9～3.1，水碳比为 0.4～0.6，转化率为 58%～60%。设备采用含钼的低碳不锈钢（气提塔用高镍铬不锈钢）。用原料 CO_2 作气提剂，在合成压力下将合成塔出料在气提塔内进行加热气提，使未转化的大部分甲铵分解，并蒸出 CO_2 和氨。分解及气化所需热量由 2.3 MPa 蒸汽供给。气提效率为 78%～81%。气提塔出气在高压冷凝器内冷凝生成甲铵溶液，冷凝吸收所放出的热量副产低压蒸汽（0.4 MPa），供低压分解、尿液蒸发等使用。气提塔出液减压至 0.25 MPa 后进入尿素精馏塔，将残余的甲铵和氨进一步加热分解并蒸出。离开精馏塔的尿液经真空闪蒸、两段真空蒸发浓缩至 99.7%后送造粒塔造粒。尿素精馏塔蒸出的气体在低压甲铵冷凝器中冷凝后，用甲铵泵送回高压合成。

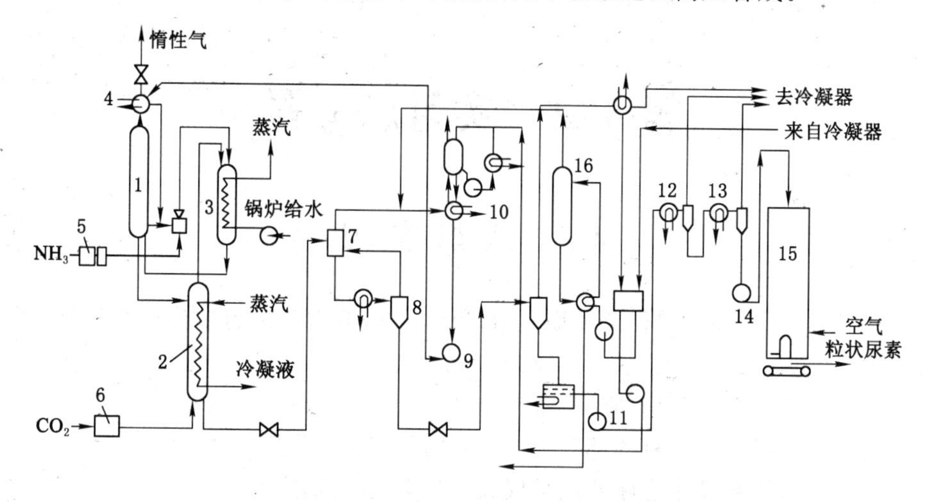

图 3-97 Stamicarbon CO_2 气提法流程

1——合成塔；2——气提塔；3——高压冷凝器；4——高压洗涤器；5——氨泵；
6——CO_2 压缩机；7——精馏塔；8——分离器；9——高压甲铵泵；
10——低压甲铵冷凝器；11——尿液泵；12——一段蒸发器；13——二段蒸发器；
14——熔融尿素泵；15——造粒塔；16——解吸塔

尿素溶液加工：尿素溶液经过两段蒸发，即首先在 30 kPa 下把尿液加热至 130 ℃以上，使其蒸浓到 95%；再在 3.3 kPa 下将尿液加热至 140 ℃，使其浓度达到 99.5%以上。采用两段蒸发的目的，是保证在较低温度下蒸发大部分水分，借以减少缩二脲的生成。蒸发器大多采用升膜式蒸发器。

经过两段蒸发分离器的熔融尿素浓度为 99.7%(m/m)，温度为 136～142 ℃，经熔融尿素泵送到造粒塔顶部的造粒喷头。熔融尿液由旋转喷头均匀地喷洒在造粒塔的截面上，其流量可通过熔融尿素泵出口管线上调节阀来控制。喷头旋转时，在离心力作用下喷洒成均匀的小液滴，自上而下，与从塔底自然通风进入的空气逆流相遇，液滴在下降过程中被冷却而固化。造粒塔底的颗粒尿素温度约 60 ℃，由刮料机将尿素送入下料槽，并由塔底皮带机运送入散库贮存或直接输送到包装工序。

第4章 实习思考题

4.1 认识实习

1. 通过在压缩机机械厂现场实习，以实习小组或班级为单位，就以下问题展开研讨活动。

(1) 过程工业中常用的动设备有哪些？分别具有什么作用？

(2) 压缩机主要由哪些部分组成？分别具有什么作用？

(3) 压缩机系统中有哪些测量仪表？分别起什么作用？

(4) 压缩机的生产、制造、装配和检测过程中，体现出与哪些课程相关的复杂问题？还有哪些值得改进的地方？提出自己的见解。

(5) 结合江苏恒久机械股份有限公司的岗位制度、安全制度、生产管理制度、奖惩制度、职工权利保护制度等相关企业规范，思考在生产实践活动中，员工应该具备的职业道德及行为规范，企业应当为员工提供的保障、福利、权利，并谈谈自己的认识和感想。

2. 通过在煤矿生产现场实习，以实习小组或班级为单位，就以下问题展开研讨活动。

(1) 煤矿的主要类型有哪些？它们的主要区别在哪里？

(2) 煤矿的生产系统主要包括哪几方面的类型？

(3) 矿井通风系统主要由哪些设备组成？

(4) 通风系统中主要的检测技术手段有哪些？主要的传感器有哪些？

(5) 简要描述矿井空气压缩系统的主要作用及其工作流程。

(6) 矿井排水系统的主要设备有哪些？

(7) 泵在运行过程中要注意哪几个方面的问题？

(8) 矿井常用的提升系统的结构形式有哪些？区别是什么？提升机中主要的检测点有哪些？常用的提升机的控制形式有哪些？

(9) 简述数字化矿山的发展现状及其典型的网络结构。

(10) 煤矿生产环节有哪些典型的过程装备？有什么作用？如何判断过程装备当前的运行水平？体现出与哪些课程相关的复杂问题？还有哪些值得改进和提高地方？提出自己的见解。

3. 通过在火力发电厂现场实习，以实习小组或班级为单位，就以下问题展开研讨活动。

(1) 火力发电在我国电力能源中的地位如何？我国火力发电行业的发展现状如何？

(2) 火力发电的生产过程主要由哪些部分组成？分别具有什么作用？

(3) 火电厂生产对环境有哪些方面的影响？热电联产及其循环产业链对降低火电厂能源消耗、改善环境、促进多种经济发展有哪些作用？我国相关法律法规对环保领域有哪些规定适用于火电厂？还可以在哪些方面采取创新手段或措施？

(4) 火电厂生产环节有哪些典型的过程装备？有什么作用？如何判断过程装备当前的运行水平？体现出与哪些课程相关的复杂问题？还有哪些值得改进和提高地方？提出自己的见解。

(5) 火电厂生产过程的自动化水平如何？有哪些典型的控制系统？这些控制系统对促进火电厂安全生产、提高效率方面有何作用？

(6) 结合华美热电公司的岗位制度、安全制度、生产管理制度、奖惩制度、职工权利保护制度等相关企业规范，思考在生产实践活动中，员工应该具备的职业道德及行为规范，企业应当为员工提供的保障、福利、权利，并谈谈自己的认识和感想。

4.2　生产实习

1. 请简要叙述该厂空分的工艺流程和其中的四个子系统所包含的设备及其作用。

2. 空冷塔中的填料是什么？水冷塔的作用又是什么？

3. 空分净化使用的是什么设备？清除的是什么物质？为什么要将其清除？该设备一般几台？如何工作？又如何再生？

4. 分子筛吸附器使用的吸附物质是什么？气体从什么部位(上部还是下部)进入？

5. 在精馏系统中，共使用哪几种设备？简要描述其工作流程(每台设备进出口的物质)。主冷中只有一个什么通道？

6. 简述刨边机的作用。

7. 油压机的压模是如何安装在工作台上的？

8. 制作弯头的流程是什么？使用到什么机械设备？这些设备分别用于加工弯头的什么部位？

9. 分别简要画出封头和弯头冲压前的坯料形状。

10. 下料有哪三种方法？各适用于什么场合？封头和弯头下料分别使用哪种方法？

11. 用板材和型材下料有何不同？

12. 容器分厂使用什么方法净化材料？主要用于除去什么？有何缺点？

13. 加工封头端面坡口采用的是什么机械？

14. 试分析你所看到的卷板机属于什么类型？使用其进行加工有何利弊？

15. 大直径的管道采用的是什么焊接方法？

16. 塔板冲孔机用于加工什么？加工尺寸一般多大？

17. 垫片使用什么机械加工？垫片有哪几种材料？

18. 套片式换热器中采用套片的作用是什么？套片与换热管之间是如何固定连接的？套片上小凹槽的作用是什么？

19. 简要描述几个折边机的构造组成。

20. 压槽机上下模，哪个是凹槽？

21. 试从辊子形状、安装方位等角度分析型钢弯曲机和三辊卷板机的区别。

22. 描述 T 形铝的作用。

23. 大直径封头是如何制造的？是先焊再压还是先压再焊？

24. 描述精馏塔塔板的构造组成及气液相物质如何通过塔板。

25. 描述卡环和压环的作用。

26. 描述气化管的结构及工作原理。

27. 描述绕管式换热器的优缺点。

28. 容器分厂中的有色产品和黑色产品主要有哪些？

29. 简述管刺式换热器中毛刺管的加工方法。

30. 回忆车间里的套管式换热器中的各管道应该如何连接。

31. 描述电加热器的工作原理。

32. 描述管刺式气化管的结构。

33. 描述消音器的结构和工作原理。

34. 描述缓冲器的结构和工作原理。

35. 叙述四种无损检测的代号。

36. 产生 X 光的机理是什么？利用 X 进行检测的原理是什么？

37. 进行射线检测后人是否可以马上进入检测室？如果采用了加速器呢？

38. X 射线对人体有什么危害？

39. 如果被检物直径较大，采用什么贴片方式？直径很小呢？

40. 检测室采用“安全连锁”的原理是什么？

41. 如果焊缝存在焊瘤、杂质等，胶片有何不同？气孔呢？

42. 暗室操作的步骤是什么？

43. 胶片为何采用风干而不采用烘干？

44. 暗袋的作用是什么？

45. 如果发现白点（氢裂纹）该如何处理？

46. 简要叙述超声波检测的工作原理。

47. 进行渗透检测为何不能表面喷丸处理？

48. 渗透检测适用于什么材料？渗透剂和显像剂使用时有何注意事项？

49. 磁粉检测的适用条件是什么？

50. 简要描述磁粉检测的原理。

51. 金属组装式冷库对于土建冷库的优点体现在哪些方面？至少列出三种优势。

52. 保温板中间的填充物的成分是什么？

53. 平板与波纹板的优缺点各是什么？

54. 简述板材材料的种类与各自优缺点。

55. 套管保温层是如何生产的？

56. 折边机的机构组成及其作用是什么？

57. 如何将板材整平矫正？说明其使用的机械。

58. 保温板模具结构有哪些类型？

59. 板翅式换热器的材料是什么？说明其使用原因。

60. 板翅式换热器各层是如何焊接的？

61. 板翅式换热器制作方法包括哪几步？

62. 为什么板翅式换热器的换热效率较高？

63. 翅片与导流片的区别与各自作用是什么？

64. 画出翅片冲床的机构简图，说出重要的构件。

65. 翅片如何排布？

66. 翅片材料有何特点？

67. 翅片材料为何进行除油、酸等？

68. 板翅式换热器的结构组成是什么？

69. 板翅式换热器各部分结构的作用是什么？

70. 板翅式换热器弯头的制作方法是什么？

71. 简述动平衡实验的具体实验原理和实验目的。

72. 叶轮有哪些形式？

73. 氧气压缩机、氮气压缩机的外表是什么颜色？

74. 箱式电阻炉的作用是什么？

75. 五坐标系铣床是指哪5个坐标？

76. 机器分厂的主要产品有哪些？

77. 空压机叶轮和透平膨胀机叶轮有什么区别？

78. 机器分厂的机床主要有哪些？

79. 试车分为哪几种？其主要步骤和目的是什么？

80. 简述某一种车床的参数及其主要用途。

81. 简述等离子切割所用的设备及用途。

82. 简述剪板机的工作原理和用途。

83. 简述下料车间主要用到的钢材型号。

84. 简述下料车间主要用到的加工设备。

85. 型材包括哪些？各自的作用是什么？

86. 下料车间主要承担的任务是什么？

87. 简述圆板锯床的工作原理和主要用途。

88. 简述封头所用的钢材。

89. 板材主要包括哪些？数控火焰切割机的主要作用是什么？所切割的主要物品有哪些？

90. 购进的板材需要进行哪些检验手续？板材如何存放？

91. 空气分离有哪几种方法？

92. 造成空压机烧瓦的原因是什么？

93. 空气中有哪些杂质？

94. 空气中的杂质通常采用什么装置清除？

95. 空气在等温压缩后能量如何变化？

96. 空分装置的冷量来源有哪些？

97. 气体节流温度为什么会降低？

98. 什么叫增压透平膨胀机？

99. 润滑油的三个作用是什么？

100. 空分装置的基本组成是什么？

101. 纯化器的作用是什么？

102. 主冷的作用是什么？

103. 液空过冷器的作用是什么？

104. 空气液冷系统的作用是什么？

105. 汽轮机油系统的作用是什么？

106. 轴封的作用是什么？

107. 膨胀机的作用是什么？
108. 主换热器的作用是什么？
109. 空分常用的精馏塔按塔板形式分为哪几种？
110. 离心泵主要由哪三部分构成？
111. 常用的阀门有哪几种？
112. 精馏的原理是什么？
113. 汽封的作用是什么？
114. 氧气、氮气、氩气的正常沸点各是多少？
115. 什么叫等温压缩？
116. 空冷塔水位高报警由哪些原因造成的？
117. 叶轮的作用是什么？叶轮是由哪些部分组成的？
118. 为什么空气经过空气冷却塔后水分含量减少？
119. 节流温降的大小与哪些因素有关？
120. 膨胀机制冷量的大小与哪些因素有关？
121. 为什么向冷箱内充保护气？
122. 什么原因造成膨胀机内出现液体？
123. 膨胀机内在什么样的情况下会出现液体？
124. 膨胀机内出现液体有什么危害？
125. 膨胀机内出现液体是如何判断？
126. 怎样进行裸冷？
127. 安全阀的起跳值应调整在什么数值？
128. 汽轮机本体主要由哪几部分组成？
129. 如蒸汽加热器蒸汽内漏，会造成什么后果？
130. 空分塔主冷液面涨不高，可能由哪些原因造成的？
131. 设置膨胀机增压机回流阀的作用是什么？
132. 增压膨胀机内轴承温度太低有什么危害？什么原因造成的？
133. 精馏系统中液空过冷器的作用是什么？
134. 简述增压膨胀机工作原理及优点。
135. 空压机冷却器冷却不好对压缩机性能有什么影响？
136. 为了防止冷箱内设备和管道泄漏，应注意哪几方面问题？
137. 空压机油温过高和过低对工作有何影响？
138. 暖机的目的是什么？
139. 影响空压机冷却器冷却效果的因素有哪些？
140. 空压机中间冷却器冷却效率降低的特征与原因是什么？

141. 空压机油温过高和过低对工作有何影响？

142. 分子筛流程空分装置有哪些优点？

143. 如何提高空压机排气量？

144. 如何判断空分装置发生泄漏？

145. 离心式压缩机产生振动的原因是什么？

146. 空冷塔空气出塔大量带水的原因是什么？

147. X 射线和 γ 射线有哪些不同点？

148. 工业射线胶片系统分类规定要考虑冲洗条件的影响，那么对冲洗条件应如何控制？

149. 焊缝余高对 X 射线照相质量有什么影响？

150. 叙述射线防护的三大方法的原理。

4.3 毕业实习

1. 低碳钢的拉伸和压缩过程中，简述所历经各个阶段的名称以及各种极限应力的名称。

2. 不锈钢为什么含碳量都很低？

3. 手工电弧焊、埋弧自动焊和氩弧焊的特点是什么？

4. 压力容器一、二、三类的划分标准是什么？

5. 厚壁圆筒热应力的特点是什么？

6. 试述承受均布外压的回转壳破坏的形式，并与承受均布内压的回转壳相比有何异同？

7. 有哪些因素影响承受均布外压圆柱壳的临界压力？

8. 提高圆柱壳弹性失稳的临界压力，采用高强度材料是否正确，为什么？

9. 求解内压壳体与接管连接处的局部应力有哪几种方法？

10. 圆柱壳除受到压力作用外，还有哪些从附件传递过来的外加载荷？

11. 组合载荷作用下，壳体上局部应力求解的基本思路是什么？试举例说明。

12. 压力容器主要由哪几部分组成？

13. 压力容器主要组成部件分别起什么作用？

14. 单层厚壁圆筒承受内压时，其应力分布有哪些特征？当承受内压很高时，能否仅用增加壁厚来提高承载能力，为什么？

15. 有两个厚壁圆筒，一个是单层，另一个是多层，二者径比 K 和材料相同，试问这两个厚壁圆筒的爆破压力是否相同？为什么？

16. 预应力法提高厚壁圆筒屈服承载能力的基本原理是什么?

17. 压力试验的目的是什么?

18. 压力试验为什么要尽可能采用液压试验?

19. 简述带夹套压力容器的压力试验步骤以及内筒与夹套的组装顺序。

20. 为什么要对压力容器中的应力进行分类?

21. 应力分类的依据和原则是什么?

22. 一次应力、二次应力和峰值应力的区别是什么?

23. 在疲劳分析中,为什么要考虑平均应力的影响? 如何考虑?

24. 何谓金属材料的可焊性?

25. 可焊性试验包括哪些内容?

26. 何谓热裂纹? 易发生此种裂纹的钢有哪几种?

27. 冷裂纹的成因有哪些?

28. 何谓再热裂纹?

29. 高碳钢的可焊性如何? 常用的焊接方法有哪些?

30. 我国生产量最大、使用最广泛的普通低合金钢是什么? 其焊接性如何?

31. 何谓晶间腐蚀?

32. 简述钛合金的焊接特点。

33. 焊接变形的原因是什么? 焊接变形的基本形式有哪些?

34. 焊接残余应力的消除方法是什么?

35. 从 PLC 的组成来看,除 CPU、存储器及通信接口外,与工业现场直接有关的还有哪些接口? 并说明其主要功能。

36. PLC 开关量输出接口有哪几种类型? 各有什么特点?

37. PLC 采用什么方式执行用户程序? 用户程序执行过程包括哪些阶段?

38. PLC 控制系统与继电器控制系统相比,具有哪些优点?

39. PLC 为什么会产生输出响应滞后现象? 如何提高 I/O 响应速度?

40. 可编程序控制器在使用时,为保证可靠性采用了哪些方法和措施?

41. 什么是可编程序控制器? 它的主要功能有哪些?

42. FX0N 系列 PLC 内部软继电器有哪几种?

43. 如何选择 PLC?

44. 简单叙述 PLC 集中采样、集中输出工作方式的特点,采用这种工作方式具有哪些优、缺点?

45. PLC 采用什么样的工作方式? 有何特点?

46. 电磁接触器主要由哪几部分组成? 简述电磁接触器的工作原理。

47. 简述可编程序控制器(PLC)的定义。

48. 简答PLC系统与继电接触器系统工作原理的差别。
49. 三菱FX2N系列PLC的STL步进梯形指令有什么特点?
50. 锅炉热工信号系统和电气信号系统的作用是什么?
51. 汽轮机汽封的作用是什么?
52. 氢冷发电机在哪些情况下,必须保证密封油的供给?
53. 什么叫凝汽器端差? 端差增大有哪些原因?
54. 简述自然循环锅炉与强制循环锅炉水循环原理的主要区别。
55. 机组正常运行中如何判断锅炉气压变化?
56. 火力发电厂计算机监控系统输入信号有哪几类?
57. 汽包锅炉和直流锅炉有何主要区别? 各有何优缺点?
58. 高频闭锁距离保护的基本特点是什么?
59. 什么是在线监控系统?
60. 汽轮机运行时,监视段压力有什么意义?
61. 什么叫电力系统的动态稳定?
62. 什么是运算放大器?
63. "MFT""RB"和"FCB"的含义分别是什么?
64. 简述在主蒸汽温度不变时,主蒸汽压力升高对汽轮机工作有何影响?
65. 如何提高压缩机的生产能力?
66. 压缩机正常开车应注意哪些问题?
67. 什么是多级压缩?
68. 什么是比容?
69. 什么是压缩机的生产能力(排气量)?
70. 什么是飞溅润滑?
71. 什么是压力润滑?
72. 油冷却器的作用是什么?
73. 影响压缩机生产能力提高的因素主要有哪些?
74. 气阀发生故障有什么后果?
75. 为什么压缩机各级排出系统必须设置安全阀?
76. 为什么压缩机气缸出口温度不准超过规定范围?
77. 润滑油为什么要过滤?
78. 三级过滤指的是哪三级?
79. 什么叫活塞式压缩机的余隙容积?
80. 活塞式压缩机余隙容积由哪些部分组成?
81. 活塞式压缩机余隙对压缩机工作有什么影响?

82. 过小的余隙容积对压缩机工作有什么影响?
83. 降低排气温度的途径是什么?
84. 弹簧式安全阀由哪几部分组成?
85. 什么叫"液击"? 它有什么危害?
86. 压缩机各段出口气体温度高的原因是什么?
87. 压缩比过大对系统有什么影响?
88. 如何发现水冷器内漏?

附录

中 国 矿 业 大 学

实 习 报 告

编　号____________________

专　业____________________

年　级____________________

姓　名____________________

实习性质：________ 实习地点：________ 指导教师：________

实习日期：　　年　月　日至　　年　月　日

编写报告注意事项：

1. 凡参加实习的学生，均需编写实习报告。

2. 编写实习报告应严肃认真以蓝色钢笔谱写(图标例外)。

3. 实习报告应由实习生独立编写。

4. 凡属保密范围的数字、图表等，未经矿厂或指导教师同意均不得出现在报告中。

5. 实习报告应在实习结束时写毕，交指导教师审阅签字，离开现场前交现场指导负责人(或单位)审阅。

6. 实习报告的内容要符合实习大纲要求，力求简明扼要。

7. 报告结尾，可简要写出对现场生产、学校教学及实习的意见和建议，本次实习的心得体会等。

实习任务书

专业年级__________　学生姓名__________

实习任务下达日期：　　年　　月　　日

实习任务执行日期：　　年　　月　　日至　　年　　月　　日

实习名称：

实习性质：

实习主要内容和要求：

目　　录

对实习生工作的小结　　　　（由实习生自己填写）

学生签字：____________　　年　月　日

对实习生工作的评语　　　　（由实习指导教师填写）

参考文献

[1] 陈芳,李瑞珍,魏兰波,等.空分设备节能潜力及改造效果分析[J].深冷技术,2014(05):1-4.

[2] 陈丽萍,王桦,覃俊,等.聚甲醛纤维的制备与性能[J].合成纤维,2016,45(03):24-28.

[3] 陈松华.空分装置的控制系统及应用[J].石油化工自动化,2010,46(06):24-27.

[4] 丁克伟.土木工程专业实践教学教程:上册:实习实验篇[M],合肥:合肥工业大学出版社,2011.

[5] 董振宁.空分控制系统的设计与实现[D].上海:上海交通大学,2008.

[6] 方传锁,丁盼盼.空分装置节能降耗方法简介[J].中氮肥,2016(03):71-73.

[7] 方书起,岳希明.过程装备与控制工程专业生产实习简明教程[M].北京:化学工业出版社,2014.

[8] 顾兴博.空分装置的节能优化操作[J].石油石化节能,2011,1(07):33-35,54.

[9] 郭敬哲,潘文英.生产实习[M].北京:北京理工大学出版社,1993.

[10] 华信.我国低聚合度多聚甲醛产业现状和趋势[J].精细化工化纤信息通讯,2002(02):38-39.

[11] 李虎,张维.国内聚甲醛制备技术现状及发展趋势[J].橡塑技术与装备,2015,41(24):110-114.

[12] 刘霞,葛新锋.FLUENT 软件及其在我国的应用[J].能源研究与利用,2003(02):36-38.

[13] 龙忠辉.CAESAR II 管道应力分析软件开发应用[J].化工设备与管道,2001(03):50-53,4.

[14] 毛绍融,周智勇.杭氧特大型空分设备的技术现状及进展[J].深冷技术,2005(03):1-6.

[15] 毛绍融,朱朔元,卢杰,等.杭氧设计制造 8 万～10 万 m^3/h 等级特大型空分设备的技术现状和能力分析[J].深冷技术,2009(03):1-5.

[16] 潘明,许峰杰,徐华珍.空分设备的节能降耗综述[J].通用机械,2016

(03):61-63.

[17] 尚恩清.空分设备节能降耗运行分析[J].深冷技术,2010(04):17-19.

[18] 邵永涛,徐泽夕,曹志奎,等.我国聚甲醛产业的现状[J].广州化工,2012,40(12):65-68.

[19] 万建余,徐福根,杨志鹏.空分设备有效能损失分析及节能改造[J].深冷技术,2007(05):35-39.

[20] 文珍稀,叶敏,彭刚,等.聚甲醛纤维的制备及其力学性能研究[J].合成纤维,2011,40(01):24-27,54.

[21] 吴昊.空分控制系统设计与应用[D].成都:电子科技大学,2012.

[22] 许春梅,张明森.甲醇与多聚甲醛反应制备甲缩醛[J].石油化工,2008,37(09):896-899.

[23] 许月阳,林陵,曾崇余.多聚甲醛制备工艺及其助剂的研究[J].南京工业大学学报(自然科学版),2004(03):39-43.

[24] 杨湧源.钢铁企业空分产品的供应与节能[J].深冷技术,1986(03):1-6.

[25] 叶昌明,吴周安.聚甲醛工程塑料的制备、改性及应用[J].工程塑料应用,2000(09):46-49.

[26] 于建.聚甲醛的制备、特性及应用[J].工程塑料应用,2001(03):41-44.

[27] 张春勇,郑纯智,汪斌,等.Aspen Plus 软件在化工原理教学中的应用[J].江苏技术师范学院学报,2010,16(09):78-81.

[28] 张万波,刘俊飞,晏桃.空分设备节能降耗运行技术研究与应用[J].深冷技术,2015(06):55-60.

[29] 赵恒华,高兴军.ANSYS 软件及其使用[J].制造业自动化,2004(05):20-23.

[30] 赵小莹.空分产品的应用领域及其发展[J].低温与特气,2004(05):1-6.

[31] 赵小莹.空分设备在煤化工中的应用[J].低温与特气,2006(03):6-10.

[32] 周智勇.大型空分设备技术现状及进展[J].深冷技术,2007(05):1-5.